经典茶具
210问

● 徐京红 —— 主编

中国农业出版社

图书在版编目（CIP）数据

经典茶具210问 / 徐京红主编. —— 北京：中国农业
出版社，2016.10（2022.4重印）
ISBN 978-7-109-22214-4

Ⅰ.①经… Ⅱ.①徐… Ⅲ.①茶具－问题解答
Ⅳ.①TS972.23-44

中国版本图书馆CIP数据核字（2016）第240830号

经典茶具210问

JINGDIAN CHAJU 210WEN

中国农业出版社出版
地址：北京市朝阳区麦子店街18号楼
邮编：100125
责任编辑：李　梅
版式设计：水长流文化　　责任校对：吴丽婷
印刷：北京中科印刷有限公司
版次：2017年1月第1版
印次：2022年4月北京第5次印刷
发行：新华书店北京发行所
开本：710mm×1000mm　1/16
印张：10
字数：200千字
定价：39.90元

「巧剜明月染春水，轻旋薄冰盛绿云」

「金槽和碾沉香末，冰碗轻涵翠缕烟」

美器为香茗的永世佳侣。

历史上的 经典茶具

经典 瓷茶具 和瓷窑

古代著名瓷窑

经典 紫砂茶具

紫砂壶的主要器型

紫砂壶的制作

紫砂壶的选购与保养

现代茶具

茶具的种类

主泡器具

辅助用具

备水器

工夫茶茶具

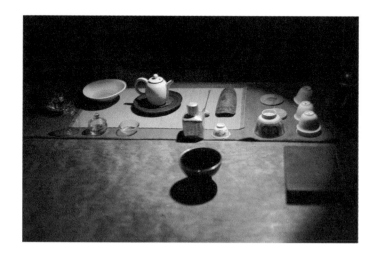

其他用具

历史上的 经典茶具

在中国漫长的茶饮历史中，

茶具最初与炊食具混用，

到陆羽《茶经》以后自成一体，

"茶具"概念最初包含采茶、制茶、泡茶和饮茶器具，

后来则专指泡饮器具。

001 "茶具"最早何时见诸文献

"茶具"一词在汉代已出现，西汉辞赋家王褒《僮约》有"烹茶尽具，酺已盖藏"之说，这是我国最早提到茶具的一条史料。到唐代，"茶具"一词在唐诗里随处可见。宋元明几个朝代，"茶具"一词在各种书籍中也都可以看到。茶具在古代也被称为"茶器"，宋代有皇帝将茶器作为赏赐物品的记载。

002 现在所说的"茶具"与古代的"茶具"含义一样吗

茶具，古代称茶器或茗器。与现代人所说的"茶具"不同，古代"茶具"的概念包含的物品范围更大，包含了采茶制茶的工具，甚至与茶相关的人和茶园。

唐代文学家皮日休《茶具十咏》中列出的茶具有"茶坞、茶人、茶笋、茶籯、茶舍、茶灶、茶焙、茶鼎、茶瓯、煮茶"。"茶坞"是指种茶的凹地；"茶人"指采茶者；茶笋是茶芽；"茶籯"是一种竹制、编织有斜纹的茶具；"茶舍"多指茶人居住的小茅屋；古人煮茶要用火炉（即炭炉），唐代以来煮茶的炉通称为"茶灶"；古时把烘茶叶的器具叫"茶焙"；茶鼎是煮水器具；茶瓯是饮茶器具。除此以外，在各种古籍中还可以见到的茶具有：茶磨、茶碾、茶臼、茶柜、茶榨、茶槽、茶宪、茶笼、茶筐、茶板、茶挟、茶罗、茶囊、茶瓢、茶匙等。

现在所说的茶具，通常是制指泡茶、饮茶所需要的器具。

003 茶具作为专门器具何时出现

茶发现于神农，闻名于鲁，兴起于唐，鼎盛于宋。古人说，工欲善其事，必先利其器。要想泡好茶，必须准备一套适合的器具。茶具于汉代已经问世，但相当一段时间都停留在与食器、酒器混用的阶段，直到唐代陆羽著《茶经》，才把茶具与食器、酒器分离出来，茶具成为专用器具。陆羽记录和设计了一套采茶、制茶、煮茶、饮茶、藏茶等的专用器具。

004 西汉的茶具是怎样的

西汉时期饮茶所用的茶具和食具、酒具的区分不十分严格，有茶碗、茶盏等。考古工作者在发掘西汉时期的遗址、古墓时发现了茶盏托。在当时，一碗多用是普遍现象。西汉时期所用的茶具基本上是陶瓷材质，越窑青瓷就是从这一时期的考古发掘中发现的。此外，西汉还有漆器茶具。

005 三国、两晋、南北朝时期的茶具有哪些变化

三国、两晋、南北朝时期是中国历史上的大动荡时期，陶瓷业发展处于相对停顿状态。工匠们对原料的选用、陶瓷制作方法及烧窑技术等进行了改进和创新，但茶具的种类和样式与西汉时期相比变化不大。

006 隋朝的茶具是怎样的

隋唐以前，人们饮茶所使用的器具和食具、酒具没有十分严格的区分，但是从隋朝开始，人们普遍饮茶，茶具也渐渐出现从餐食器具中分离出来的趋势。

隋朝时期，随着陶瓷业的发展，主要有两种瓷茶具，一种是青瓷，一种是白瓷。由于当时技术水平较低，隋朝时期的白瓷并不是真正的白瓷。

007 茶具是从何时起独立门户、自成一体的

唐朝是我国茶文化大发展的时期，不仅茶具从酒具等器具中独立出来，更有陆羽的《茶经》问世，梳理和归总饮茶器具，为茶具品类的丰富多彩打下基础。唐代以后，茶具的分类越来越精细，做工也越来越精美。

唐代越窑青瓷茶碗　　　　　　　　　唐代琉璃盏托

008 唐代的茶具以何种材质为主

中国茶具自古以来以陶瓷质地为主，此外漆器、金属器、玻璃器（古称琉璃）、玉石等材质的也可见到。

唐代，中国茶具以青瓷茶具和白瓷茶具为主，最具代表性的是南方越窑的青瓷和北方邢窑的白瓷，形成了著名的"南青北白"格局。现在可见唐代瓷茶具有茶托、茶碗、茶瓶等。除瓷茶具以外，法门寺地宫出土的银鎏金宫廷茶具、琉璃茶托和茶盏代表了当时最高的工艺水平。

009 陆羽《茶经》中列举了哪些茶具

陆羽《茶经·四之器》中，共列出当时的茶具20余种，分别为：

风炉、灰承（承接炭灰）、炭挝（打碎炭块的工具）、火筴（夹炭用具）等生火器具4种；

鍑（煮水的铁锅）、交床（放锅的架）、竹夹（煮水时搅动水流）等煮茶器具3种；

夹（夹茶用）、纸囊（放置烤过的茶，不使香气散失）、碾（把茶碾成颗粒的工具）、拂末（清理茶末的工具）、罗合（罗筛和储茶之"合"）、则（量取茶入鍑的工具）等烤茶、碾茶、量取茶的工具6种；

唐代房陵大长公主墓壁画，持壶侍女　　　　　　　　唐代萧翼赚兰亭图局部

水方（盛放生水）、熟盂（盛放煮开的水）、漉水囊（滤水器具）、瓢等水具4种；

䒽簋（盛放盐）、揭（取盐工具）等用具2种；

碗（饮茶用）1种；

涤方（盛放洗涤用水的器具）、滓方（盛放茶渣、沸水的器具）、巾（茶巾）、札（清洁茶碗用的刷子）等清洁用具4种；

畚（放置茶碗的器具）、具列（陈列茶具的架子）、都篮（盛放茶具的篮子）、筥（竹编盛器）等器具4种。

010 陆羽为什么最推崇越州青瓷茶碗

唐代饮茶碗主要为南方越窑的青瓷茶碗和北方邢窑的白瓷茶碗。陆羽最推崇越州青瓷茶碗（越碗），陆羽认为茶碗的颜色对茶汤的衬托有很大作用，"青则益茶"，即用青瓷茶碗可以使茶汤看起来更好看，使得茶具与茶汤二者相得益彰。

011 法门寺地宫出土的唐代宫廷茶具有什么

1987年，法门寺地宫出土了一整套唐代皇室宫廷使用的金、银、琉璃、瓷等食用及饮茶器具，其中有：鎏金壶门座茶碾子、金银丝结条笼子、飞鸿毬路纹鎏纹银笼子、鎏金鸿雁纹云纹茶碾子、鎏金团花银锅轴、鎏金仙人驾鹤纹壶门茶罗子、鎏金双狮纹菱弧形圈足银盒、鎏金摩羯纹银盐台、银头箸、银坛子、鎏金流云纹长柄银匙，还有一些鎏金或银的茶托、茶碗、高足碗等。

012 唐代茶具中重要的器具有哪几种

①茶釜。茶釜是唐代重要茶具之一。唐代饮茶以烹煮为主，需要把茶饼碾成颗粒后放入茶釜中煎煮，茶釜在唐代饮茶中的重要性显而易见。

法门寺地宫出土鎏金银坛子

法门寺地宫出土的鎏金银笼子

②茶臼。茶臼是将茶饼研磨成颗粒的器具。陆羽《茶经》上所提到用来研磨茶叶的工具是茶碾，茶臼是早于茶碾出现的研磨工具。瓷茶臼坚厚，平底、外侧施釉、臼里不施釉，有月牙形的小窝，用以研磨。

③茶则。茶则是一种量具，将研磨好的茶放入茶釜中时需要用茶则来量取定量的茶。唐代茶则多为青瓷。

④茶瓯。茶瓯是唐代茶具中最典型的器具之一，又称为茶杯或茶碗。茶瓯主要分为两种，一种是玉璧底碗，圈足较大，中心内凹；另一种是常见的花口茶碗，多为五瓣花形，圈足外撇，是晚唐出现的器型。

⑤茶托。茶托是防止茶杯烫手的器具，东晋时期就有了青瓷茶托的雏形，到了唐代，茶托的造型更加丰富，有莲花花瓣形、荷叶形、海棠花瓣形等。

013 宋代茶具有哪些变化

宋代是我国茶文化发展的一个鼎盛时期。宋代是一个抑武扬文的时代，是我国文化发展极盛时期，宋代诗、词、散文都拥有伟大成就。自古以来，文人爱茶，宋代文人墨客更是如此，在文人的大力参与之下，宋代的品饮茶方式也越来越讲究，茶具分类也相当细致。宋代蔡襄在《茶录》里写到的茶具有茶焙、茶笼、砧椎、茶铃、茶碾、茶罗、茶盏、茶匙、汤瓶等九种。

宋代时期饮茶方式由唐代的煎茶、煮茶改为点茶、斗茶，点茶、斗茶是以茶汤的颜色是否鲜白、汤花在茶盏中存留是否持久为评判高下的标准。为此，宋代最具代表性的茶具是汤瓶、茶筅和黑瓷茶盏。

汤瓶又叫热壶，是点茶注汤的用具。宋代的汤瓶瘦长，因点茶需要，壶流和执柄加长了。茶筅也叫茶刷，是点茶时用来调制茶汤的工具，由细细的一束竹丝加上手柄组成。茶盏色黑，比碗小，便于观赏茶汤汤花。

宋代执壶

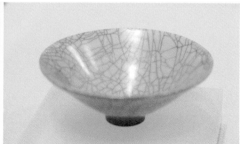

宋代茶盏

宋代盏托

014 "十二先生"是什么

南宋审安老人用白描手法绘制了茶具图册，"十二先生"即书中的12种茶具。审安老人给这些茶具冠以官职，每种茶具有名、字、号和赞。12种茶具如下：

图	姓氏+官职	名	字	号		茶具用途
	韦鸿胪（姓韦，司职"鸿胪"，后同）	文鼎	景旸	四窗间叟	焙茶笼	焙茶的焙笼
	木待制	利济	忘机	隔竹居人	茶臼	捣茶臼
	金法曹	研古、轹古	元锴、仲鉴	雍之旧民、和琴先生	茶碾	碾茶的碾
	石转运	凿齿	遄行	香屋隐君	茶磨	磨茶粉的磨
	胡员外	惟一	宗许	贮月仙翁	水杓	量水用具
	罗枢密	若药	傅师	思隐寮长	罗	筛茶的筛

图	姓氏+官职	名	字	号		茶具用途
	宗从事	子弗	不遗	扫云溪友	茶帚	清理工具
	漆雕密阁（复姓漆雕，司职密阁）	承之	易持	古台老人	盏托	茶盏下的托
	陶宝文	去越	自厚	兔园上客	茶盏	饮茶器具
汤提点	汤提点	发新	一鸣	温谷遗老	汤瓶	点茶用的热水壶
竺副帅	竺副师	善调	希点	雪涛公子	茶筅	调点茶汤的茶刷
司职方	司职方	成式	如素	洁斋居士	茶巾	洁具

015 宋代饮茶为什么流行使用黑色的建盏

宋代饮茶流行使用黑瓷茶具，尤其是福建建窑生产的建盏最受欢迎。宋代时期饮茶方式变为点茶，且流行斗茶，斗茶"斗"的是茶面汤花色白、均匀，黑色的茶盏更易于观察汤花，素有"茶色白，宜黑盏"之说，因此宋代黑盏流行，并成为宋代时期最经典的茶具。建窑瓷有蓝黑、酱黑、灰黑等色，最具有代表性的是兔毫盏、油滴盏和鹧鸪斑盏等。

建盏因茶而闻名，也因茶饮方式改变而衰亡，是名符其实"为茶而生"的器物。

宋代建盏

016 元代茶具有哪些种类

到了元代，人们开始饮散茶，民间有了用沸水直接泡茶饮用的方法。由于泡饮散茶的过程比较简单，所用的茶具较元代以前大大简化。在元代茶具主要为壶、高足杯、茶盏、盏托、茶罐等。元代的饮茶方式和茶具的发展介于唐宋与明清之中，在中华茶文化的发展中起着承上启下的作用。

元代赵孟頫斗茶图局部

017 明、清时期茶具与宋、元时期茶具有什么不同

到了明、清时期，人们制茶和饮茶的方式有了很大的改变，中国茶文化发展史上出现了巨大变革。因龙团凤饼的制作耗费民力物力，明太祖朱元璋下旨废团兴散，饮散茶成为主流，茶具也随之去繁从简。散茶冲泡操作简单，成为人们生活中的主流，茶壶、茶碗逐渐普及。

在明清时期，人们开始追求品茶方式的艺术性、泡茶器具的美观和独特性，茶馆也逐渐普及。当时有饮茶"一人得神，二人得趣，三人得味，七八人是名施茶"之说，体现了当时的文士对饮茶之神、之趣的精神追求。明清时期的特色茶具有宜兴壶、瓷杯和盖碗、茶叶罐等。

○18 明、清时期茶具的种类、材质是怎样的

　　明代开始，由于制茶方式的改变，唐宋时期盛行的煎茶、点茶等方式逐渐退出，人们的品饮方式也去繁从简，盛行饮散茶，茶具使用茶壶、茶碗或茶盏，并逐渐由推崇黑釉茶盏逐渐转变为喜欢白瓷或青花瓷茶盏。当时陶瓷茶具、紫砂茶具、金属等材质的茶具种类非常多，很多茶具上都用刻画的铭文作装饰，很多文人雅客都会拥有一套自己钟爱的茶具，以饮茶和玩赏。

明代茶画局部

清代茶画局部

019 明、清时期最经典的茶具是什么

　　明、清时期最经典的茶具是宜兴的紫砂壶和景德镇的瓷器茶具。明清时期是中华茶文化发展的重要时期，不仅茶类增加，茶具也越来越精细，品茶追求器具之美，陶瓷茶具、金属茶具已不能满足当时的需求，江苏宜兴产的紫砂壶开始登上历史舞台。明代正德年间的宜兴人供春创造紫砂壶，他制作的树瘿壶就是著名的"供春壶"。紫砂壶迅速成为爱茶人最喜爱的茶器。清朝历代皇帝都嗜茶，宫廷内盛行饮茶。众多宫廷茶具中以盖碗居多，质地以陶瓷、玉为主。景德镇瓷茶具备受宠爱。当时景德镇瓷器和江苏宜兴紫砂陶茶具最为著名，有"景瓷宜陶"之称。

清代紫砂壶

清代茶杯

明代茶壶

020 明清以来的茶壶与之前有什么不同

茶壶在明清时期得到很大发展。明清之前，类似茶壶的器具被称之为"汤瓶""执壶"或"偏提"，直到明代开始，真正用来沏泡茶的茶壶才出现，这种茶壶依然有流有柄，但是和宋朝时期点茶用的汤瓶有很大区别，首先是茶壶变小，以小为贵；其次是流与壶口平齐，且制成S形，这样可使茶壶里面的茶水在壶内不至外溢。明清时期的茶壶在材料上也有改进，基本以景德镇瓷茶壶和宜兴紫砂茶壶为主。茶壶的出现和使用，大大弥补了茶盏饮茶容易凉且易落灰的不足，也进一步简化了饮茶的程序，深受爱茶人士的推崇。

明代茶壶

清代茶壶

盖碗

021 为什么说盖碗是清代最具特色的茶具

　　盖碗是清代茶具中最具特色的一种，又称"三才杯"。盖碗由杯盖、杯身和杯托三部分组成，"三才杯"意寓为盖为天，托为地，杯为人，有天地人和之意。盖碗的杯盖部分可防止灰尘落入杯中，杯托部分可手持且不会烫手。用盖碗品茗时，杯盖、杯身和杯托三部分不可分开使用，否则不美观也不礼貌。品饮时，一手托起杯托，一手揭开杯盖，先闻茶香，用杯盖拨开漂浮的茶叶，而后再饮用。明清时期盖碗盛行，景德镇大量生产瓷盖碗，品种丰富，青花、五彩、斗彩、粉彩以及单色釉的都有。

022 什么是茶洗

由于明代流行饮散茶，散茶在加工过程中可能会染上尘埃，于是明代人饮茶前讲究洗茶，并为这道程序配备了专有器具，名为茶洗。明代茶洗分为上下两层，形状如碗，上层的底部有若干小孔，方便渗水，将茶叶放入并用水冲洗，水流入下层的储水部分。

023 明代以来的贮茶具有什么样式

自明代起饮散茶，这对茶叶贮存有了更高的要求，炒制好的茶叶如果保存不当，譬如过热或过潮，都会使茶叶的香气和滋味大打折扣，所以贮茶器皿质量的好坏就尤为重要。明代的贮茶具一般用瓷罐、瓷瓶或紫砂材质的瓶罐，将准备好的茶叶放入其中，用六七层纸封住，放置阴凉干燥处。此后，茶叶罐的种类更加丰富多彩，形状也千姿百态，且有了锡罐。

老锡茶叶罐

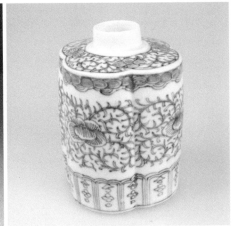

清代瓷茶叶罐

024 什么是茶壶桶

茶壶桶顾名思义就是放茶壶的桶，这个茶壶桶是明代人发明的，是为了不让茶壶里的茶汤过快变凉而保温用的。茶壶桶大致为桶形，内壁用棉或丝织品作保温材料，桶壁上开有流口，将装满热茶的茶壶放入桶内，将壶嘴对准茶壶桶的流口，盖上盖子，可以在一段时间内起到保温的作用。茶壶桶的材质有多种，有竹木、藤、丝绵等，形状有圆形、方形或多棱形等。

025 什么是茶籯

茶籯最初是用竹子编成的，采茶、盛茶器具。到清代，茶籯就演变成为存放茶具的工具。清代乾隆帝酷爱饮茶，且喜欢出宫南巡，为了在旅途中可以随时饮茶，特命人制作了一套便于出行的茶具，且专门设计了可以装下全套茶具的茶籯，用来放置茶壶、茶碗、茶叶罐、茶炉、茶杯等。制作茶籯的材料主要有紫檀木或竹木，北京故宫里存放着几套茶籯，每一套都是做工精湛、极富创意的工艺品。

026 古代还有哪些材质的茶具

从唐代茶具成为专用器物以后，历代不仅有金银茶具，陶瓷茶具，紫砂茶具，还有玉石茶具、琉璃茶具、漆器茶具、锡茶具、珐琅茶具、竹木茶具和果壳茶具等。

027 玉石茶具是什么时候出现的

玉石茶具就是用玉石雕制而成的饮茶用具，一般以羊脂玉和翡翠两大类为主，也有青玉、白玉、红绿宝石、孔雀石、玛瑙、水晶等多种彩石玉。我国的玉石茶具始于唐朝，明清时期玉石茶具较多，这些玉石茶具主要为皇家或官宦家庭所拥有，寻常百姓难得一见。

028 漆器茶具有什么特点

用漆涂在各种器物的表面上，经过复杂的工艺加工而成的器具即为漆器。中国制造和使用漆器的历史非常久远，漆器具有光洁美丽、不怕水、不变形、不褪色、耐腐蚀等特点。漆器很早就被用作饮食器具，但由于瓷茶具盛行，现在，漆器茶具仅供作为工艺品呈现。漆器茶具底色乌黑润泽，纹饰光鲜亮丽，独具特色。

029 锡茶壶是什么时候出现的

锡茶具的兴起是在明清时期，明清时期也是我国锡器发展的黄金时期。明清时期的工匠仿照紫砂壶的样式，制作出了许多锡器的茶壶。锡壶颜色似银，光可鉴人，壶盖和壶身封合十分严密，壶身雕刻精美细致，受到当时文人及爱茶人士的推崇。

030 竹木茶具有哪些

竹木茶具是指以竹或木制成的茶具。以竹制成的茶具大多为辅助茶具，如竹茶夹、竹茶则、竹茶罐等；而木质茶具主要以茶碗、水洗为主。竹木茶具做工比较简单，轻便、实用。到了明清时期，竹木茶具开始精工细作，但大多为辅助茶具，如明代的竹茶炉、竹架、竹茶笼，清代的紫檀茶籯等。竹木茶具在我国少数民族地区盛行至今，如云南地区的傣族、哈尼族的竹茶筒、竹茶杯，再如藏族和蒙古族的木茶碗、木茶槌等等。

031 果壳茶具是用什么制成的

果壳茶具当然是用果壳加以雕琢修饰制成的。果壳茶具一般使用葫芦或椰子等硬质果壳制作。葫芦在我国北方使用广泛。椰子产自我国的海南岛，用椰壳可制成水瓢、茶壶、茶碗、贮茶盒等。椰壳制成的茶具外表黝黑，雕以山水或文字，可以存留很久，大多作为艺术品保存。

032 古代陶瓷茶具应如何保养与收藏

古代茶具存留至今非常不易，这些经典茶具既记录了我国古代人饮茶的发展历程，又具有当时的时代特征，深受收藏家们和爱茶人的青睐，尤其是古代紫砂茶具和陶瓷茶具。如果有缘得到一件心爱的古代陶瓷茶具，在保养与收藏中应注意以下几点：

① 收藏瓷质古代茶具时，最好的方法就是将瓷质古茶具放置于定做的盒子里，盒子里垫上海绵或泡沫垫，尽量不要将两件瓷茶具放在一起，以免相互磕碰。如果作为陈设摆放，要摆放在固定的木质博古架上，为了保险，可以用透明的尼龙丝固定。

② 在把玩瓷质茶具时，双手需保持洁净、干燥，手上不佩戴饰物如戒指等，硬物可能划伤陶瓷茶具。

③ 把玩瓷茶壶时一定要注意，壶身、壶盖分别拿好，不要将壶盖和壶身同时拿、放，以防不慎滑落打碎。

④ 平时保养古代陶瓷茶具时，可用潮布轻轻擦拭瓷茶具表面，或用柔软的毛刷轻刷瓷器纹饰的缝隙，不要用水直接冲洗，因古陶瓷器物年代已久，清洗可能造成损伤。

锡胎椰壳提梁壶

经典 瓷茶具和瓷窑

从古至今，茶具均以陶瓷质地为主。

中国是陶瓷的故乡，

陶瓷茶具从最初推崇单色釉的素净之美，

发展为出现了极为丰富的瓷彩、釉彩和装饰手法，

其品种、造型随着饮茶方式的变化而变化。

033 什么是瓷茶具

瓷器是中国重要发明之一，瓷脱胎于陶，滥觞于商周，至东汉才烧制成真正的瓷器。瓷茶具是用长石、高岭土、石英为原料烧制的饮茶器具。瓷茶具烧成温度一般为1300℃左右，外表上釉或不上釉，质地坚硬致密，表面光洁，薄者可呈半透明状，敲击时声音清脆响亮，吸水率低。瓷茶具有碗、盏、杯、托、壶、匙等，以景德镇出产的瓷茶具最为有名。景德镇四大名瓷为青花瓷、玲珑瓷、粉彩瓷和颜色釉瓷。

034 什么是颜色釉

釉是陶瓷器表面的那层无色或有色的玻璃质，一般以矿物质石英、长石、硼砂、黏土等为原料配制，需研磨成浆，使其附着在瓷、陶坯的表面，再经烧制成为玻璃的光泽的陶瓷表层，对陶瓷器物起到装饰和保护的作用。

釉中加入不同的金属氧化物，烧制后就会呈现不同色泽，即颜色釉。传统颜色釉有青釉（以铁为着色剂）、红釉（以铜为着色剂）、蓝釉（以钴为着色剂）。随着工艺的发展，颜色釉品种逐渐丰富，出现了多种釉彩的彩色瓷器，并出现釉上彩、釉中彩和釉下彩。

035 什么是釉上彩

釉上彩就是瓷器挂釉烧制完成后，再绘上各种纹饰，二次入窑，采用低温巩固釉彩形成，品种如彩绘瓷、五彩瓷、粉彩瓷及珐琅彩瓷器等。釉上彩纹饰易磨损。

釉上彩

036 什么是釉中彩

釉中彩是20世纪70年代发展起来的一种新型工艺，是在瓷器釉面烧制完成后再绘制图案，干燥后再次施釉，以高温烧制而成，细腻、晶莹、光润。

037 什么是釉下彩

釉下彩又称"窑彩"，是在晾干的瓷器坯上绘制各种纹饰，之后施以白色透明釉或浅色釉，一次烧制而成。烧成后瓷器表面平滑，釉下的纹饰清晰，晶莹透亮。釉下彩瓷器纹饰艳丽、永不褪色。

釉下彩—青花

038 瓷的釉色有多少种

颜色釉瓷是景德镇四大传统名瓷之一，瓷釉的颜色大致有以下几大类：

①红，又细分为钧红、祭红、豇豆红、郎红、胭脂红、粉红、大红、柿红、釉里红等。

②青，又细分为天青、粉青、豆青、灰青、影青、玉青等。

③绿，又细分为翠绿、孔雀绿、鹦哥绿、宝石绿等。

④黄，又细分为鹅黄、娇黄、鸡油黄等。

⑤蓝，又细分为霁蓝、天蓝、翠蓝、雾蓝等。

⑥白，又细分为牙白、月白、甜白、青白等。

此外，瓷的釉色还有黑釉、灰釉、紫釉、茶叶末和炉钧釉、窑变釉等。

经典瓷茶具

039 白瓷茶具有什么特点

白瓷早在唐代就有"假玉石"之称。有瓷都之称的景德镇在北宋时生产的瓷器，质薄光润，白里泛青，雅致悦目，并有影青刻花、印花和褐色点彩装饰。

白瓷茶具有坯质致密透明，上釉、成陶火温高，无吸水性，音清而韵长。因色泽洁白，能反映出茶汤色泽，传热、保温性能适中，加之色彩缤纷，造型各异，堪称饮茶器皿中之珍品。早在唐代，河北邢窑生产的白瓷器具已"天下无贵贱通用之"，唐代诗人白居易还作诗盛赞四川大邑生产的白瓷茶碗。元代，江西景德镇白瓷茶具已远销国外。现在，白瓷茶具品质更佳。白釉茶具适合冲泡各类茶叶，加之精巧的造型，山川河流、四季花草、飞禽走兽、人物故事等纹饰和书法，颇具艺术价值，使用最为普遍。

白瓷茶具

白瓷茶壶

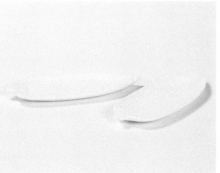

白瓷茶托

白瓷品杯

040 著名的白瓷产自哪里

著名的白瓷有以下几种：

① 德华白瓷，始出产于明代，产自福建省德化窑，有"中国白"的美称。

② 定窑白瓷，始出产于唐代，驰名于宋代，产自河北曲阳的定窑。

③ 邢窑白瓷，始出产于唐五代，是最著名的白瓷窑场，因地处于河北邢台，故名邢窑，有"天下无贵贱而通之"的美誉。

④ 辽白瓷，是辽代的陶瓷制品，出产以东北三省为主，具有鲜明的地方色彩及独特的民族特色。

⑤ 景德镇白瓷，产自江西景德镇最为著名，素有"白如玉，明如镜，薄如纸，声如磬"之称。

另外，湖南醴陵、河北唐山、安徽祁门的白瓷茶具等也各具特点。

041 青瓷茶具有什么特点

青瓷是表面施有青色釉的瓷器。青瓷色调主要是瓷釉中含有一定量的氧化铁，在还原焰气氛中焙烧形成。但有些青瓷因含铁不纯，还原气氛不充足，便呈现黄色或黄褐色调。青瓷以瓷质细腻、线条明快流畅、造型端庄浑朴、色泽纯洁而斑斓著称于世。"青如玉，明如镜，声如磬"，有"瓷器之花"的美誉。

青瓷茶杯

青瓷茶杯

青瓷茶叶罐

042 常见的青瓷有哪几种

　　青瓷茶具晋代开始发展，那时青瓷的主要产地在浙江。六朝以后，许多青瓷茶具有莲花文饰。宋代饮茶盛行使用茶盏和盏托。由于宋代瓷窑竞争激烈，技术大大提高，茶具种类不断增加，出产的茶盏、茶壶、茶杯等品种增多，式样、风格各异，色彩雅丽。

　　浙江西南部龙泉县境内生产的龙泉青瓷以造型古朴挺健，釉色翠青如玉著称于世，是瓷器中的一颗灿烂明珠。南宋时，龙泉已成为全国最大的窑业中心，其优良产品成为当时的珍品，也是当时对外贸易的主要物品之一，特别是工匠章生一、章生二兄弟俩的"哥窑""弟窑"所产瓷器在龙泉青瓷中最为突出，哥窑、弟窑继承越窑而有发展，学习官窑而有创新，产量质量都大大提高，其釉色和造型都达到了较高水准。

043 什么是黑瓷茶具

黑瓷是一项古老的制瓷工艺，是在瓷胎上施以含氧化铁等物质的釉以高温烧制而成的。黑瓷中最有名的是建窑黑瓷。黑瓷是宋代民间常用的瓷器之一。黑瓷茶具始别于晚唐，盛于宋，因为宋代时期饮茶方式改变为点茶，且流行斗茶，斗茶比的是茶面汤花色白均匀，因此黑色的茶盏最为适合。

宋代斗茶之风盛行，斗茶者们认为福建建窑所产的黑瓷茶盏用来评茶最为适宜，渐渐，建盏驰名天下。这种黑瓷茶盏风格独特，颜色青黑，青黑中隐有条、点纹理，古朴雅致。

044 黑瓷茶具仅出自建窑吗

黑瓷茶具并不只出自建窑。宋代是黑瓷茶盏的鼎盛时期，很多瓷窑都生产黑瓷茶具，黑瓷主要产地是福建的建窑、江西的吉州窑、山西的榆次窑等。其中，建窑生产的建盏最受欢迎。蔡襄的《茶录》中记载：建安所造者……最为要用。出他处者，或薄或色紫，皆不及也。黑瓷茶具以建窑的建盏为首，它的特点是釉层厚；颜色有蓝黑、酱黑、灰黑等；釉面的纹理结晶变化繁多，常见的纹理：兔毫条纹的名为兔毫，油滴斑点的名为油滴，鹧鸪斑点的名为鹧鸪斑，日曜斑纹的名为曜变。

吉州窑黑瓷名品为玳瑁釉、木叶纹等。除吉州窑、榆次窑以外，浙江余姚、德清一带也曾出现过漆黑光亮、美观实用的黑釉瓷茶具，最流行的一种是鸡头壶，即茶壶的嘴是鸡头状，日本东京国立博物馆至今还存有一件，名叫"天鸡壶"，被视作珍宝。

黑瓷茶盏

兔毫盏

045 什么是兔毫盏

"兔毫盏"是宋代建窑的代表产品之一。"兔毫"是指在黑色的底釉中透析出均匀细密的丝状条纹，如兔子身上柔软纤细的毫毛，因而得名。兔毫盏中的毫纹有长、短、粗、细之分，颜色也有金黄色、银白色、蓝色等变化，俗称"金兔毫""银兔毫""蓝兔毫"等。沏泡茶水，兔毫花纹在茶水中交相呼应，美不胜收。兔毫在历史上非常有名，以致人们常常以"兔毫盏"作为建盏的代名词。

046 什么是油滴

建盏的釉面上分布着有金属光泽、大小不一的斑点，形似油滴，故而得名。油滴花纹无论在阳光照耀下，还是在茶汤中都宛如皓月当空，夜幕星辰，令人产生幽远的遐思，因而备受茶人青睐。色彩变幻莫测。这种茶具当时产量很少，至今留存下来的就更少了，因此而弥足珍贵。

油滴

047 什么是鹧鸪斑

鹧鸪斑之所以得名，是因为建盏釉面的花纹形似鹧鸪鸟的斑点，是建盏一大著名品种。鹧鸪鸟胸部遍布白点正圆的羽毛，这种散缀白点、形如圆珠的羽毛为鹧鸪所独有。

048 什么是曜变

所谓"曜变"就是在黑色建盏的底釉上浮现出大小不同且不规则的斑点，这些斑点的四周发出以蓝色为主的耀眼的彩虹色光芒，这种斑点分布在盏的内壁，熠熠闪耀，色彩变幻。"曜变"为"毫变盏"，自古就数量极少。

049 什么是乌金釉

乌金釉是黑瓷中典型的釉色，也是建盏中最为乌黑莹亮的一种。乌金釉的表面乌黑似漆，光洁如镜，虽无花纹为饰，但其庄重素雅之美使之特色独具。

乌金釉

鹧鸪斑

050 "天目茶盏"和"建盏"是一个概念吗

"天目"这个概念源于日本，"天目"与中国的天目山密切相关。在日本15世纪前后的历史文献中，"天目"与"建盏"并列其中，此后，"天目"在日本逐渐变成了一类茶盏的通称，日本的"天目"既包含来自中国的黑釉建盏，也包含来自朝鲜半岛的茶碗和日本本地生产的茶碗。

"天目"不等同于"建盏"。"天目"的概念中包含的精神、审美甚至民族心理等含义与"建盏"不同。现在不少地方的陶瓷工艺师烧制天目，天目釉色多彩多样。"建盏"这个名称中本身包含地域概念，产自福建建阳，烧制建盏的原料陶土和釉均取自本地。

051 什么是彩瓷茶具

彩瓷亦称"彩绘瓷"，即器物表面加以彩绘的瓷器。彩瓷技法多样，彩瓷茶具的品种花色很多，有釉下彩、釉上彩及釉中彩、青花、新彩、粉彩、珐琅彩等，其中尤以青花瓷茶具最引人注目。青花瓷茶具是指以氧化钴为呈色剂，在瓷胎上直接描绘图案纹饰，再涂上一层透明釉，之后在窑内经1300℃左右高温还原烧制而成的器具。它的特点是花纹蓝白相映成趣，有赏心悦目之感，色彩淡雅幽菁，华而不艳，滋润明亮。

釉上彩瓷茶具

粉彩品茗杯

釉下彩—青花釉里红

052 什么是釉里红茶具

　　釉里红又名釉下红，烧制于元代的景德镇窑，是釉下彩中的著名品种之一。釉里红是以铜为呈色剂，在白色的瓷杯上绘制出各种图案及纹饰，再施加透明釉烧制而成。釉里红茶具显现出淳朴、敦厚，非常具有民族特色。釉里红常与青花结合使用，俗称青花釉里红，又称青花加紫，红、蓝两色，既有青花的素雅，又有釉里红的瑰丽。

053 什么是五彩茶具

　　五彩茶具顾名思义是用红、黄、绿、蓝、紫等颜色将图案绘制在烧成瓷器的釉面上，进行二次焙烧而成的，属于彩瓷中釉上彩的一种。五彩并非一定需要五种颜色，但是红、黄、蓝三色是必不可少的。我国明代嘉靖年间的五彩是在釉下青花的基础上制成的，所制成的五彩器具洒脱豪放、色彩艳丽，被称为五彩之首。到了清朝，景德镇窑的艺人加以改良，以釉上蓝彩代替原来的釉下青花，形成了真正意义上的釉上五彩。

054 什么是斗彩茶具

斗彩茶具又称逗彩，是彩瓷的一种。斗彩是指由釉下青花和釉上五彩相结合，同时装饰一件瓷器，也意喻釉下青花色与釉上彩色同时出现，似争奇斗艳而名"斗彩"或"逗彩"。斗彩茶具最早是明代景德镇匠人尝试用青花在白色瓷胎上勾勒出图案的轮廓，施以透明釉高温烧制后，再在青花釉中填充彩色，二次烧制而成。这样烧制而成的茶具胎色彩绚丽而不失端庄，深受当时皇室贵族的喜爱。

055 什么是珐琅彩

珐琅彩瓷器又称瓷胎画珐琅，属于彩瓷，始制于清朝，为清朝宫廷所喜爱。"珐琅"是外来语的音译名称，珐琅彩瓷器带有中西合璧的特点，是釉上彩中独具特色。珐琅彩的制作不同于其他瓷器，先制作素胎，然后由画师完成绘画，最后二次烧制而成。

珐琅彩侧把壶

斗彩茶杯

斗彩茶叶罐

056 什么是粉彩茶具

　　粉彩瓷是景德镇窑创烧出的四大传统名瓷之一。粉彩出现于清康熙年间，发展至乾隆时期达到兴盛。粉彩瓷器是在五彩瓷器的基础上使用低温釉上彩的工艺，先在素胎上勾勒出图案的轮廓，并在轮廓内用"玻璃白"打底，再以各种颜色和干净的笔轻轻地将颜色洗染出深浅不一的层次，玻璃白呈不透明的白色，恰到好处的厚度使绘画更有立体感。粉彩茶具采用工笔画、写意画或装饰画风，图案层次分明，颜色粉润、柔和。

粉彩茶具

057 什么是墨彩茶具

墨彩茶具始制于清朝康熙年间，流行直至民国时期。墨彩也是釉上彩的一种，颜色以黑色为主，绘制时加上红或金等颜色绘于白色釉面上，再进行二次烧制而成。墨彩茶具的图案多以山水、花鸟为主，画风受时代影响，整体洁净素雅、浓淡相宜。

058 什么是玲珑瓷茶具

玲珑瓷是景德镇四大传统名瓷之一，又名米通，创制于明永乐年间，以镂空雕刻为基础。玲珑瓷茶具是在薄薄的瓷胎上雕刻出有规则的、米粒形状的通透花洞，然后施以透明釉，再烧制而成，米粒处现出半透明图案。这种瓷器以玲珑剔透、晶莹雅致闻名中外。清代，工匠们把青花和这种玲珑工艺巧妙地结合在一起，形成了青花玲珑瓷，使之既有青花特色，又有镂空雕刻工艺特色，十分美观。

玲珑瓷

059 什么是青白瓷

青白瓷是釉色介于青白两色之间的一种瓷器，是宋代景德镇出产的代表性瓷器。青白瓷也被称作"影青""隐青""映青"，其特征是胎质细腻，透光度好，颜色青中泛白，白中透青。青白瓷不仅出产于江西的景德镇窑，还有江西的南丰白舍窑和吉安永和窑、广东潮安窑、福建德化窑、泉州的碗窑乡窑、同安窑和南安窑等。

060 什么是青花瓷茶具

青花瓷又名白地青花瓷，简称青花，是中国陶瓷珍品，景德镇四大传统名瓷之一，是彩瓷中的一种。目前考古研究发现，最早的青花瓷为唐代烧制，成熟于元，鼎盛于明清。元代中后期，江西景德镇窑成了青花瓷的主要窑场，并开始大批烧制青花瓷。明代，景德镇生产的青花瓷茶具品种繁多，如茶壶、茶盅、茶盏等，质量也越来越精良，无论是造型、纹饰、图案都达到较高水准，是其他瓷窑模仿的对象。清代是景德镇窑生产青花瓷茶具的巅峰时期。青花瓷蓝白两色花纹相映成趣，整体色泽淡雅，赏心悦目。青花瓷种类很多，有青花红彩、青花五彩、黄地青花、豆青釉青花、孔雀绿釉青花等。

青花茶具

青花茶具

古代著名瓷窑

中国的瓷窑几乎遍布华夏大地，有些名窑已淹没在历史长河中，有些则窑火不灭，薪火相传至今。

061 古代有哪些著名的瓷窑

我国古代著名瓷窑有：瓯窑、越窑、洪州窑、铜官窑、寿州窑、邢窑、吉州窑、建窑、钧窑、汝窑、定窑、耀州窑、龙泉窑、哥窑、官窑等。

宋代湖田窑茶盏

062 唐代生产瓷器茶具的主要瓷窑有哪些

自唐代起，人们饮茶开始有了专属茶具，也是自唐代开始，瓷器茶具备受饮茶人的喜爱。唐代生产瓷器茶具的主要瓷窑，除了南方著名的越窑——我国青瓷的主要发源地，北方的邢窑——以烧制白瓷著称的两个瓷窑外。还有寿州窑、洪州窑、婺州窑和铜官窑等。

063 越窑主要烧制什么瓷器

越窑是我国古代青瓷窑，从东汉时期延续到宋代，窑址所在地古时属于越州，因此名为越窑。越窑的鼎盛时期是唐代，主要烧制的是青瓷，其工艺精湛，器物优美。主要的器型有碗、盘、盘口四系壶、四耳罐、鸡头壶等，碗口、瓶口为花口、葵口或荷叶口，造型俊秀优雅，色泽温润如玉。

064 邢窑主要烧制什么瓷器

邢窑是唐代最著名的窑场，位于河北省邢台市，故名邢窑。邢窑以生产白瓷为主，也是我国白瓷生产的起源地，在我国陶瓷史上具有重要地位。邢窑的白瓷，胎质坚硬，细腻、洁白，釉色白润、细滑，有的乳白、有的微黄，造型简单、朴素、大方，线条饱满酣畅。

065 寿州窑主要烧制什么瓷器

寿州窑是唐代著名的瓷窑之一，位于现今安徽淮南。寿州窑烧窑始于隋朝，至唐朝寿州窑发展、繁荣，主要烧制黄釉瓷和黑釉瓷，烧制的器物有碗、盘、杯、盏等。寿州窑烧制的瓷器主要特征是白中泛黄，以黄色釉为主，所烧制的瓷器光润透明，美观大方。

066 铜官窑主要烧制什么瓷器

铜官窑是位于湖南省长沙的一座大型窑场，又称长沙窑，以烧制青瓷为主。铜官窑始烧窑于唐，鼎盛于晚唐，终于五代。铜官窑最早把铜作为着色剂利用到瓷器的装饰上，烧制出了以铜红色装饰的彩瓷，首先创造出了在瓷器上彩绘的装饰技法，铜官窑因此也成为我国唐代彩瓷的发源地。铜官窑规模较大，所烧制的器物种类繁多，有壶、瓶、杯、盘、碗、灯等。

067 婺州窑主要烧制什么瓷器

婺州窑是我国唐代烧制瓷器的名窑之一，位于浙江金华，始于汉代，盛于唐代，终于元代。婺州窑以烧制青瓷为主，颜色有豆青、草青和粉绿色等，色泽青翠柔和。婺州窑在西晋晚期开始使用红色黏土做材料，烧成的胎呈现出深紫或深灰；还曾使用白色的土烧制瓷器，使得瓷器的釉层光润柔和，釉色在青灰或青黄中微泛褐色或紫色。到了唐代时，婺州窑创造了乳浊釉瓷，就是釉面开裂，开裂处往往有星星点点的奶白色，烧制出独特的婺州青瓷。婺州窑还烧制黑釉、褐色釉、花釉和彩绘釉等，且造型独特，以唐代烧制的黑褐釉及青釉褐斑蟠龙纹瓶和多角瓶最为著名。

068 洪州窑主要烧制什么瓷器

洪州窑位于我国江西省，是唐代著名瓷窑场之一，始烧于东汉年间，终于唐末五代，以烧青瓷为主。洪州窑烧制青瓷的特点是釉色较淡，青中泛黄，有时也有褐色或酱紫色等，器物造型比较丰富，有大口碗、盘口壶、双唇罐、各种杯等，装饰比较考究，纹样新颖，造型雅致，釉色莹润美观。

069 宋代五大名窑是哪几个

宋代五大名窑是：汝窑、官窑、哥窑、钧窑和定窑。

070 官窑瓷器有什么特点

宋代官窑分北宋官窑和南宋官窑。北宋官窑也称汴京官窑，地址在汴京附近，专门烧制宫廷使用的瓷器。北宋官窑的作品主要有瓶、碗、盘、尊、鼎、炉等，但是传世作品却很少。南宋官窑窑址在临安（今杭州市）。官窑的特点是胎体较厚，颜色以深灰、黑色为主，施以淡青色的釉，釉面有开片，呈冰片状，晶莹剔透，温润儒雅。

071 什么是开片

开片就是釉面遍布的不规则裂纹，最早是烧制瓷器过程中导致釉面自然开裂，属于瓷器缺陷，但是这种瓷器居然受到人们的青睐，逐渐地，匠人们掌握了规律，开始烧制开片瓷。

开片又称冰裂纹。主要烧制开片瓷的窑场有汝窑、官窑和哥窑。开片瓷裂纹稀疏的为大开片，裂纹细密的为小开片。开片纹路有的呈黑色，有的为黑色和金黄色纹路交织。

 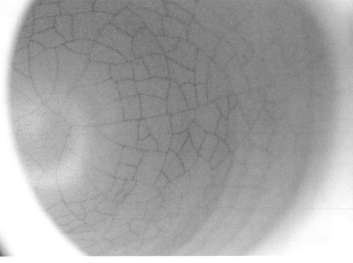

开片

072 哥窑瓷器有什么特点

哥窑为五大名窑之一，但是至今没有找到哥窑的具体地址。而且目前世界上只存有少量的哥窑瓷器。哥窑瓷器的主要特征是釉面开片，釉是失透的乳浊釉，釉面泛一层酥油光，釉色有月白、炒米黄、粉青、灰青等。哥窑瓷器的釉面有网状开片，纹路多种多样，有鳝血纹、梅花纹、鱼子纹等，明代《格古要论》中曾有这样的描述："哥窑纹取冰裂、鳝血为上，墨纹梅花片次之。细碎纹，纹之下也。"此外，哥窑瓷器"金丝铁线""紫口铁足"是其独特之处。

073 钧窑瓷器有什么特点

钧窑开始烧造于唐代，鼎盛时期在宋代，被列为宋代五大名窑之一。钧窑位于河南禹州，因古时禹州被称为钧州，所以瓷窑名为钧窑。宋代的钧窑瓷器非常珍贵。钧瓷是一种最特殊的青瓷，因窑变而产生的釉色极富

哥窑瓷

魅力，钧瓷的釉色由其窑变而呈现，是自然天成而非人工描绘的，而且每一件钧瓷的釉色都是唯一的，故有"钧瓷无双，窑变无对"之说。钧窑瓷器纹路行云流水，变化莫测，五彩斑斓，使其釉色大致分为蓝、红两类，还可呈现出月白、天青、天蓝、海棠红、胭脂红、火焰红、玫瑰紫、茄色紫、等窑变色彩。

钧瓷

074 定窑瓷器有什么特点

定窑是我国宋代五大名窑之一，开始烧制于唐代，是继邢窑白瓷之后兴起的一大瓷窑体系。定窑位于河北省保定市一带。定窑原本是民窑，到了北宋时期，由于定窑瓷器品质精良、色泽淡雅，纹饰秀美，成为宋朝宫廷用瓷，使其身价大增，风靡一时。定窑瓷器产量大，多为碗、盘、瓶、碟、盒和枕等。定窑以烧制白瓷为主，也烧制黑釉、酱釉、绿釉、红釉等，文献中记载中有"黑定""紫定""绿定""红定"等，为高温彩色釉瓷。

075 汝窑瓷器有什么特点

汝窑是我国宋代著名瓷窑之一，也是我国宋代五大名窑之首，它在宋代历史文化和我国陶瓷文化中占有重要地位，有"汝窑为魁"之说。汝窑位于河南省宝丰县，当时称汝州，故名汝窑。汝窑瓷器造型优雅大方、色泽素雅、釉面温润光滑，汝瓷在我国青瓷史上具有划时代的意义。汝窑瓷颜色以"雨过天青云破处"似的天青色最为珍贵，此外有粉青、豆青等。汝瓷釉厚而温润、纯净，体现了中国陶瓷工艺的精湛。

076 汝窑瓷器为何稀少珍贵

汝窑瓷器稀有珍贵，因为汝窑烧造时间仅20年左右，便如昙花一现之后迅速地消失了。由于汝瓷素雅端庄，釉色温润，犹如青玉般的质感，满足了人们对陶瓷器物"类玉"的审美需求。汝窑瓷器是历代帝王、贵族眼中的无价之宝。清代乾隆皇帝就视汝窑瓷器如珍宝，为表达他的喜爱和赞美，他曾在自己喜爱的汝窑瓷器上錾刻诗文。

仿汝窑茶具

077 建窑主要烧制什么

建窑是我国宋代著名的瓷窑之一，始烧造于晚唐五代时期，宋代是其发展的鼎盛时期，主要烧制黑瓷碗，俗称"建盏"。建盏茶具的造型古朴简单，器型有大、中、小，碗口有敞口、束口和撇口等。建窑的黑瓷盏釉色变幻无穷，黑色犹如夜空、深潭一样深邃，釉面光亮但不刺眼，且在黑釉中呈现出各种神秘的斑纹，散发出端庄又略带神秘的美。建盏的主要花色有乌金釉、兔毫、油滴、鹧鸪斑及曜变等。

建盏

078 龙泉窑主要烧制什么

　　龙泉窑是我国宋代著名瓷窑，位于浙江省龙泉市内，它始烧制于五代，传承了越窑的工艺，以烧制青瓷为主，在南宋时期达到鼎盛，是中国陶瓷史上存在时间最久的一个瓷窑，生产瓷器的历史达到1600多年，清代停烧。南宋龙泉窑瓷器胎色灰黑，俗称黑骨，胎体较厚，釉层丰厚，釉色柔和淡雅，釉色以粉青、梅子青最具特色。龙泉窑主要生产的产品有碗、盘、杯、壶、瓶、罐等。

龙泉窑青瓷

079 景德镇窑主要烧制什么样的瓷器

景德镇窑是我国著名的瓷窑之一，位于我国江西景德镇。景德镇窑烧制瓷器始于唐代，具有上千年的历史，其最著名的四大传统名瓷为青花瓷、玲珑瓷、粉彩瓷和颜色釉瓷。烧制产品以食具、酒具、茶具为主，如碗、盘、盒、瓶、壶、罐等；装饰工艺有刻花、划花、印花，纹饰有龙纹、凤纹、海水纹、花纹等。景德镇窑瓷器釉质清澈如水，莹润如玉，自古以来就是天下闻名。景德镇及景德镇瓷至今仍具有特殊地位。

景德镇窑茶壶

经典 紫砂茶具

茶具中最负盛名的是江苏宜兴的紫砂陶，

它非常适合泡茶，色泽也丰富，

是公认的最适宜泡茶的器具。

紫砂是陶，又不同于一般陶器，

它内外无釉，用当地矿石加工而成。

紫砂器始创于明代正德、万历年间。

紫砂壶的主要器型

080 什么是光器

按照制壶艺人的说法，紫砂器分为光器和花器两种，还有少量器物介于光器和花器之间，兼具花器与光器特点的造型。光器，也称素器或光货，是与花器相对

紫砂光器

的概念，指壶身光滑、不加雕饰，造型简约，可谓"简约不简单"。紫砂壶的光器属于主流器型，这与茶文化崇尚简洁朴素有关，也与中国文人雅士的精神追求和俭朴生活密切相关。

081　光器中最常见的壶型有哪些

光器造型或丰满、或清秀、或粗犷、或刚毅，"圆、稳、匀、正"，令人百看不厌。光器中最常见的有石瓢、仿古、水平、西施（俗称倒把西施）、汉君、大彬三足、掇只、掇球、梨壶、井栏、德中、汉扁、牛盖洋桶、方砖、巨轮珠等。

082　紫砂壶一般是如何命名的

紫砂壶的命名与汉字构成很像，有的需要会意理解，如水平、西施、美人肩，有的以仿形的原物命名，如石瓢、井栏、方钵等，还有一些壶以这种壶型的创制者命名，如君德（创制者张君德）、孟臣（创制者惠孟臣）等。

083　石瓢壶有什么特点

石瓢壶壶身为上窄下宽的梯形，流为直筒形，出水流畅，把柄有力，平盖，桥钮，壶的造型饱满简洁，端庄大气。石瓢壶为"曼生十八式"之一，最早由清代制壶名家杨彭年制作、陈曼生刻画而成，又叫曼生石瓢，集诗、书、画、印于一壶，格调高雅，是紫砂壶中经典的壶型之一。

石瓢壶

084 仿古壶有什么特点

仿古壶流行在清末民初时期，各名家制的仿古壶都有一共同特色，即线条流畅，在壶身处略显隆起，壶身扁，壶腹饱满，因壶身呈鼓形，又称"仿鼓"，充分地体现了"拙"的韵味。

仿古壶

085 掇只壶有什么特点

掇只壶是清代道光年间一代紫砂宗师邵大亨的杰作之一。掇只壶浑圆规整，气韵磅礴，丰满而不失含蓄，大度而存精妙。百余年来，"掇只"既是一代代制壶艺人学习、模仿的作品，也是艺人们考核自身手工的水平重要标准器物。

掇只壶

086 秦权壶有什么特点

权即古代的秤砣。秦权壶是秤砣形壶，短流，嵌盖微鼓，桥钮，整体简练、古朴，似一颗四平八稳的权。"秦权"创造的灵感应源自秦代的古权，秦权壶平正泰然，气度沉稳，是比较受欢迎的传统壶型之一。

秦权壶

087 水平壶有什么特点

与上述几种壶型相比，水平壶十分特别。"嘴尖、肚大、耳偏高"的水平壶更显简练，其基本形制可追溯到明代，尤其是直流，在明代万历至清初期最为常见。水平壶对工匠的制作工艺水平要求非常高，壶嘴和壶把的用泥重量相等，制成后壶能漂浮在水面上保持水平而不倾倒，这就是水平壶名称的由来。水平壶的直流自上而下由粗而细，比例匀称，且安装的角度较难把握，壶把自上而下由粗渐细，弧度大小有度。这些细节非常考验制壶人的审美眼光。

水平壶中最著名为惠孟臣制水平壶。潮汕人将"水平壶"称为"孟臣壶"。

088 井栏壶的特点是什么

井栏壶为"曼生十八式"中的经典壶型之一，它的创作灵感源自井栏，因此壶身形如井栏，壶盖为内嵌式，壶肩与壶身流畅过度，壶底大而稳重，壶身、流和把柄浑然一体，古朴自然，简洁明快，壶身刻有铭文，更显雅致。

水平壶　　　　　　　　　　　　　井栏壶

089 西施壶为什么又叫倒把西施壶

西施壶壶形丰满圆润如西施之乳，浑圆细润，给人丰富的想象空间。西施壶之所以又叫倒把西施壶，是因其把柄上细下粗，上斜下圆，与其他壶柄由粗到细不同，好像把柄按倒了，故又名"倒把西施壶"。

090 提梁壶有什么特点

光器紫砂壶造型中，多款提梁壶可谓经典。最具代表性的要数清代中期邵旭茂的提梁壶。提梁壶讲究的是提梁的粗细、弧度都需精心，提梁弧度要与壶身相得益彰，提梁粗则不美，细则不便使用，还需克服烧制过程中泥坯的变化，工艺更具难度。为了使用方便和降低工艺难度，宜兴壶匠人创制了软耳提梁壶。

西施壶　　　　　　　　　　　　　提梁壶

091 牛盖洋桶有什么特点

牛盖洋桶壶型约出现于清末，上海是较早西化的地方，宜兴距上海不远。紫砂匠人参考了西方人（洋人）使用的桶的形状制作壶身，将壶盖上挖两个类似牛鼻的孔眼，以"牛盖"命名，即为牛盖洋桶。这款壶高身、直桶形，容积较大，壶肩处有双耳，配以铜、锡所制提梁，最适宜沏泡红茶。宜兴出产红茶，本地人家家户户都喜爱喝红茶，"牛盖洋桶"就成为宜兴本地寻常百姓人家最常见的一种茶壶。

092 扁线圆壶有什么特点

扁线圆壶壶身呈扁圆形，壶流的弯曲度与长度都反映着制壶艺人的审美眼光，其设计巧妙，扁中见方，方圆和谐，气势高古，情趣动人。20世纪六、七十年代，宜兴紫砂一厂大量生产的梅扁壶即是在扁线圆壶的基础上变化而来，是介于"光器"和"花器"之间的造型。

093 什么是"曼生十八式"

曼生十八式是由清代书画家、篆刻家陈鸿寿设计，紫砂艺人杨彭年、杨凤年兄妹亲手制作的十八种经典紫砂壶款式，因陈鸿寿字曼生，故名"曼生十八式"或"曼生壶"。陈曼生把金石、书画、诗词与造壶工艺融为一体，开创了书画、篆刻与壶艺完美结合的先河，创造了独特的壶艺风格，"壶随字贵，字依壶传"，曼生壶在壶史上留下了重要的一笔。

094 曼生壶的特点是什么

传世曼生壶，无论是诗、文或是金石、砖瓦文字，都是写刻在壶的腹部或肩部，而且写刻满肩、满腹，占据空间较大，非常显眼，再加上署款"曼生""曼生铭""阿曼陀室"或"曼生为七芗题"等，也刻在壶身最为引人注目的位置，格外突出。

095 什么是筋纹器

筋纹器型俗称"筋囊壶"，是光器中的特殊品种，一般为圆壶，其造型特点为在圆形的壶身上，以纵向条纹把壶身纵向分成若干等份。筋纹壶造型大多根据自然界中的某些花、果的形状构思，并进行艺术再创造而来，如仿照菱花、水仙、菊花的花瓣或者模仿瓜类外形，如南瓜的筋纹，在自然之物的基础上提炼加工，制成筋纹壶。这种壶型在清乾隆后较为流行。

096 什么是花器

花器也称塑器、花货，是以自然界中的自然形态、现实生活中的各种素材加以提炼装饰，设计制作的紫砂壶。古代花器中以供春壶、鱼化龙最为出神入化。花器讲究精神，讲究提炼，讲究变化，作者必须有丰富的艺术想象力，制成的花器紫砂还应能够舒适地把玩。一把好的花器必须形好、工好、艺术构思好、日用功能好、烧制效果好。

花器取材广泛，多数作品以江南的瓜果桃李、梅兰竹菊等风物为题材，以其为形制壶或将其雕琢于壶上。明末清初的制壶家陈鸣远创制"束

朱泥菊瓣壶

龙头一捆竹

柴三友壶"，将山中樵夫打柴这一题材表达于壶上，十分自然贴切；清代的邵大亨也是制作花器的高手，他创制的"龙头一捆竹""鱼化龙"等为花器中最具代表性的杰作。

097 鱼化龙壶的器形是怎样的

"鱼化龙"是传统的花器壶型，取鱼跃龙门之意。鱼化龙壶多以祥云为钮，壶盖上有可伸缩的龙头，壶身一面为波涛中半隐半现的龙身、龙爪，另一面为跃起的鲤鱼。鱼化龙壶制作因名家的不同而特点各异，如邵大亨的龙不见爪，黄玉麟、俞国良的龙爪清晰可见；邵大亨用堆浪钮，黄俞唐用云形钮等。

098 何为三友壶

"三友"即"岁寒三友"，三友壶仿照松、竹、梅枝干的自然形态制成紫砂壶，壶身如树桩，梅花的枝干和花朵、竹节、竹叶装饰其中，壶钮、壶流、把柄造型为树桩、竹节等，题材灵活多变，意趣盎然。

鱼化龙   三友壶

古代紫砂壶名壶与名家

099 供春壶是谁创制的

供春壶又名树瘿壶，是明代正德年间江苏宜兴人供春创制的。据说，宜兴进士吴颐山的书童供春随主人住进金沙寺，供春利用伺候主人的空隙时间向金山寺老和尚学习制壶，后来供春用老和尚制壶后剩余的陶泥，模仿金沙寺旁老银杏树的树瘿制作了一把壶，并依照树木纹理刻画花纹烧制而成。供春壶古朴优美，看似随意，但要制作的形神兼备，富于美感却非常困难。供春壶因此而成为花器中的经典。

供春壶

100 陈曼生与石瓢壶有怎样的渊源

　　各种石瓢造型衍生于曼生石瓢，曼生石瓢得名于其设计者陈曼生。陈曼生本名陈鸿寿，清朝中期（乾隆、嘉庆年间）人，擅长书法、篆刻、诗文、书画，酷爱紫砂壶。陈曼生为官之余，常微服简从，于市井淘选古物作为收藏。一次，陈曼生见一乞丐行乞于街角，乞丐身前有一石器，器形独特，虽显陈旧，却典雅古朴，底有"元人邵氏定制瓢器"字样，陈曼生如获至宝。买来后，陈曼生想依这件石器制作紫砂壶，就以石器为原型，加绘壶盖、壶嘴，数次易稿，请优秀的紫砂艺人杨彭年制作，最终创制成一种新的壶式，就是曼生石瓢，陈曼生因此得雅号"石瓢学士"。

曼生石瓢

子冶石瓢

高石瓢

几种石瓢

101 僧帽壶的创制者是谁

僧帽壶的作者是时大彬。时大彬，字少山，明万历年间人，他是供春之后宜兴紫砂陶艺史上影响最大的壶艺家，是紫砂陶艺第一人，堪称紫砂泰斗，他奠定了手工制壶技艺的基础。

时大彬制作的壶风格高雅脱俗，造型流畅灵活，气度恢弘。他的代表作品有"菱花壶""八角壶""六方壶""大彬提梁壶"等，大彬在壶上的刻字苍劲有力，令人叹为观止。因大彬对壶艺要求甚高，不满意的壶都敲碎不留于世，以致存世作品均精致有型，十分完美，且存世作品极少。僧帽壶就是留存的精品之一，口沿有五瓣莲花簇拥壶盖如僧帽，壶盖呈正五边形钮如僧帽之顶。壶颈不长，如僧帽帽檐，壶身五边形，活像一顶僧帽，僧帽壶之名，也由此而得。

僧帽壶

102 掇只壶为什么"一壶千金，几不可得"

《宜兴县志》中提到有一把壶，"一壶千金，几不可得"。千金之壶，可谓价值连城，这把千金之壶是一件被称为"掇只"的紫砂壶。"掇只"是紫砂壶造型中特有的一种壶型，"掇"是"堆叠"之意，掇只是方言，即掇子，有壶盖、身堆叠之意。《宜兴县志》中记载的掇只壶之所以价值连城，是因为它出自宜兴制壶大师邵大亨之手。邵大亨是清道光间壶艺名家，他除了创作"掇只壶"以外，还创制了"鱼化龙""龙头一捆竹"等名壶款式，其创意与做工均可谓超凡脱俗。

103 掇球壶是谁创制的

掇球壶是程寿珍创制的。程寿珍，又名陈寿珍，号冰心道人，清咸丰至民国初期的宜兴人，是一位勤劳多产的紫砂壶名家，擅长制形体简练的壶式。他所作掇球壶为紫砂壶中的精品。

"掇球"是叠起来的球。掇球壶是经典的紫砂壶代表款式之一，它的基本造型是壶钮、壶盖、壶身为由小、中、大三个球体叠成，故称掇球壶。

掇只壶

掇球壶

104 梨形壶是谁创制的

梨壶是惠孟臣的代表壶型。惠孟臣是江苏宜兴人，约生活于明代到清代康熙年间，作品多为小壶，中壶少，大壶罕见。孟臣以制小壶见长，孟臣壶小而精妙，壶式有圆有扁，尤以梨形壶最具影响。后人喜将小壶称为"孟臣壶"，至今仍有很多制壶人以"孟臣"为款。

高梨壶、矮梨壶

105 "仿古壶"这一名称是怎么来的

　　"仿古壶"形似"鼓"，而名为"仿古"。关于仿古壶名的由来，一种流传较广的说法为清代邵大亨初创这种壶，壶体仿照鼓形，后人仿制这种壶形制壶，就成了"仿古代壶形"了，故这种鼓形壶称为"仿古壶"。

仿古壶

紫砂壶的颜色

紫砂壶的颜色要从泥料说起，宜兴的泥料造就了宜兴壶独一无二的宜茶特性和其他陶壶无可比拟的自然质朴之美。

106 紫砂器具的泥料有什么特点

中国很多地方出产著名的陶制品，但唯独宜兴紫砂器在茶具中拥有极高的知名度，其原因除了宜兴紫砂器造型丰富，装饰典雅，做工考究，更重要的是它的材料，即宜兴蜀山的"泥"。蜀山泥在刚被开采出来，未被加工成制壶原料前是矿石。宜兴的陶泥与中国其他地区的陶泥迥然不同。宜兴壶所用的"泥"则是经过风化的矿石。紫砂矿料开采出来后一经放置于户外，经过日晒雨淋，矿石很快松酥如土，再对矿石粉碎、筛选、加工，之后才能够用来制壶。宜兴壶泥料中除了云母外，还有较多的金属氧化物，如氧化铁、氧化铝等，有时泥料中也会含有微量的金、银等金属。

清水泥

朱泥

本山绿泥

紫泥

107 为什么说摊放、陈腐时间越久的泥料质量越好

　　根据几百年的经验，摊放、陈腐时间长的泥料远比摊放时间短的泥料质量好。经过长时间摊放，加工成泥之后再经长时间陈腐，制成壶后，一经使用，泥壶就迅速地温润有光，甚至未经使用也会透出油润的光泽。因此有这种说法。

108 "紫砂壶"的称谓是怎么来的

　　"紫砂壶"是我们对宜兴产细陶茶壶的通称，宜兴产泥壶有红、黄、青、白、黑等多种颜色。宜兴泥料出产最多的是紫泥，但紫泥不是宜兴泥料的唯一颜色，用"紫砂壶"来称呼宜兴泥壶有些以偏概全，但几百年间的称谓早已成为约定俗成，符合大多数人的理解习惯，因此我们现在仍用"紫砂壶"这个称谓来称呼宜兴产泥壶。

紫泥菊瓣壶

紫泥恒圆壶

紫泥双圈壶

紫泥曼生提梁壶

各色紫砂壶

经典茶具 210 问

109 紫砂泥料矿石的颜色有哪些

宜兴泥料矿石的颜色五彩斑斓，一般深藏于岩层下，夹在粗陶泥料中的优质泥料，被称为"甲泥"。紫砂壶的泥料有紫泥、底槽青、本山绿泥、红泥（朱泥）、段泥、墨绿泥、天青泥和黑泥等。

宜兴泥料经烧制后，有些成品的颜色与矿石相近，如朱泥泥料烧成后为黄色、红色、粉红色，紫泥泥料烧成后石为褐色；有些泥料烧成的成品颜色与矿石颜色则相去甚远，如被称为"本山绿泥"的矿石的颜色为浅绿色，而烧成的宜兴壶颜色为黄色。

紫泥中的"黑星星"

110 紫砂壶使用最多的是哪种泥料

宜兴壶使用最多的是紫泥。紫泥是自明代万历年间的制壶名家时大彬起至今日，多数制壶名家高手最喜欢用的一种泥料。宜兴出产的紫泥与世界任何一处的紫泥迥然不同，使得宜兴壶独一无二。但同是宜兴本地出产，紫泥与紫泥也有很大区别，如浅层矿的紫泥与深层矿的紫泥在色泽上有所不同。明末清初以前主要使用采自较浅层矿的紫泥，烧成后一般是紫红色，有些发红，甚至初看好似今天的原矿红泥壶。优质紫泥中常夹星星黑点，被老艺人称之为"黑星星"，黑星星是铁质烧制后所呈现的斑点，经过长时间的使用和养护，铁质部分会呈银白色，非常美观。

111 什么是"底槽青"

民间有一种说法，在深层紫泥矿井中，挖至尽头，有一种较好的泥料，这种珍贵的泥料藏在如马槽般的岩石中，被称为"底槽青"。"底槽青"矿石标本的特点是紫泥中夹杂着星星点点的绿斑，有的矿石中绿斑较多，有的较少，有的绿斑块大，有的斑块小如绿豆。紫泥中闪烁着的黄色是底槽青特有的色泽。

112 黄颜色的紫砂壶为什么原料称为"本山绿泥"

市场上常见的黄色宜兴壶，有的为本山绿泥壶，有的为段泥壶。"本山"是指宜兴本地原矿，以区别于其他地区矿料，"绿泥"是指在泥料矿石刚刚开采出来时所呈现的是青绿色泽。本山绿泥属比较稀少的矿泥，一般很少单独用来制壶。这是因为本山绿泥可塑性差，烧制过程中容易龟裂。

本山绿泥容天壶

段泥井栏壶

段泥石瓢壶

113 同样是黄色的泥，为什么有的叫"段泥"呢

　　一般紫泥、红泥在泥矿层中不论厚薄，均一层层如同千层饼一样，不会间断，唯有段泥，虽然在同一泥层中，但往往会被其他的泥料或矿石间隔成一段一段的，故被称为"段泥"。段泥中有"黄金段""橘皮段""青灰段"等。段泥产量较高，黄色段泥壶在宜兴壶中较为常见。

114 红泥壶有什么特点

红泥本地人叫"石黄"，朱泥是红泥的一种。红泥原矿是红色或粉红色，红泥原矿烧成后，虽色泽亮些，但仍与原矿泥料相近。红泥矿中氧化铁含量高，烧成后质坚致密。由于宜兴壶中紫泥最常见，并为人们最为接受的色泽，使得红泥壶在很长一段时间内未被重视。随着红泥矿开采量增加，红泥壶逐渐成为人们的爱物。

115 墨绿泥是怎么来的

墨绿泥创制的时间为1915～1916年，制壶艺人尝试将氧化钴加入段泥中进行拼配调整，反复试验，创造出一种新的泥色，本地人称之为"墨绿泥"。当时氧化钴价高，制壶艺人一般不舍得整壶使用，而是用于做壶的装饰，如在壶身上做墨绿色的桃叶、竹叶、松针等泥塑，有时会将壶涂上一层墨绿泥以为"化妆"。

红泥肩线水平壶

墨绿泥鸽子壶

116 凡是有添加剂的泥料都对身体有害吗

如按合理用量添加氧化钴、氧化锰、氧化铁等几种金属氧化剂，使用的泥料是优质原矿紫砂泥，经过高温烧制，成品壶的分子结构非常稳定，对人体健康不会有害。

真正可能危害健康的，是为了烧制出珍奇颜色的紫砂壶，在泥料中添加含铅或其他有害金属的物质。所以选择紫砂壶时应警惕不正常的紫砂制品。

117 什么是黑泥

清末民初时称黑泥为"捂灰泥"，现代只要加入氧化锰，则可以烧成黑色宜兴壶，宜兴丁蜀人称之为"高黑泥"，以原紫砂一厂用隧道窑烧制而成的高黑泥色泽最为上乘。

黑泥壶

118 天青泥是什么样的

天青泥是泥料中非常珍稀的泥色，可以说是"传说中的泥料"，这种泥料产自何处，有何特性，在文献中没有记载，传说天青泥矿清末以前就已采尽。由此，天青泥是宜兴壶中最具神秘色彩的一种泥料。

119 什么是拼配泥

不同的泥料，按照不同的配比拼配，烧成后会产生不同的色泽效果，制壶艺人在实践中摸索出各自的泥料拼配经验，"取用配合，各有心法"，拼配成功了新鲜色种，其方法往往是秘不外传。

常见拼配泥料，如紫泥加一定量红泥，在宜兴本地称为"普紫"；本山绿泥中加少量其他色泽的泥，较常见加入一种本地人称之"白泥"的泥料，目的是增泥料的黏度，便于成型。

宜兴陶器中，紫色、红色、黄色三种颜色为基本颜色，在此基础上，由于泥料矿区地点不同、泥料拼配方法不同、烧制温度的变化控制等原因，宜兴壶呈现出丰富的色泽。

紫砂壶的制作

120 如何理解"手工壶"和"模具壶"

所谓"手工壶"就是完全以手工制作，不借助模具而成的壶。最早时，紫砂壶的制作不借助模具，完全凭手工成型。全手工制作要求制壶技艺极高，且产量低，随意性强，形状多变，不易复制。

"模具壶"是借助模具完成壶的某些部件制作完成的紫砂壶。模具壶同样是手工制作，只是借助模具完成部分工作。借助模具制壶工时短，相对比较规整，容易成批量生产，成本较手工壶低。

121 紫砂壶的制作过程是怎样的

制作紫砂壶主要工艺为打身筒或是镶身筒，制作圆壶的工艺是打身筒，制作方壶的工艺是镶身筒。先制作身筒，然后是制作壶底、壶口、壶柄、壶流、壶盖等，做完这些部件，再把它们安装到壶的身筒上，接着是壶的通身压光。最后是在壶底和壶盖里打上作者的名号和印章后烧制。

122 最常用的制壶工具有哪些

制作紫砂壶的工具很多，在生产实践中人们还在不断地完善。制壶常用的工具有泥凳、木搭子、转盘、木拍子、刀、尖刀、规车、明针、勒子、线梗、竹拍子、挖嘴刀、铜管、独个、水笔帚以及各种模具等。

123 紫砂壶的烧制温度是多少

一般而言，紫泥壶窑温为1170℃左右，烧制红泥壶窑温960℃左右。窑中的火温，以及窑内的氛围都直接影响到壶的品质，虽是同一种泥料，不同温度、不同的氛围烧成，其色泽却迥然有异。

124 宜兴壶的装饰方法有哪些

宜兴壶使用的装饰手段非常丰富，如镂空、雕塑、刻绘、镶嵌、描金、泥绘、调砂、釉彩绘等。有时制壶艺人会将几种装饰手段结合使用。同时由于历来文人酷爱紫砂壶，艺人们又将书法、绘画艺术表现在宜兴壶上。

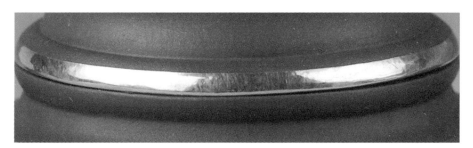

镶金

釉彩绘

泥绘

调砂

125 宜兴本地创造的宜兴壶装饰手法是什么

在宜兴壶装饰手法中，完全为宜兴本土原创的有两种，一种俗称"桂花砂"，另一种是"泥绘"。

桂花砂也叫调砂，早在明代即已发明。早期桂花砂工艺是将一种金黄色的粗砂掺入紫砂泥中，做成的壶或茶叶罐看上去如夜空中满天繁星，令人神往，经长久使用，壶面上的粗粒黄砂如金星点点，令人百看不厌。

"泥绘"是宜兴陶艺家巧妙利用本地泥料的颜色，以浆泥在紫砂壶上作画的紫砂器装饰工艺，比较常见的是使用黄泥、红泥作"画料"，在宜兴壶等紫砂器物上绘画。泥绘是宜兴陶艺家利用本地资源巧妙装饰陶器的一大发明。

126 宜兴壶中最体现文人审美的装饰方法是什么

宜兴壶最体现文人审美的装饰方法是刻字和刻画。这是嘉庆名士陈鸿寿对宜兴壶发展的一大贡献。陈鸿寿痴迷宜兴壶，与文友设计多款壶，如石瓢、井栏、合欢等，为宜兴壶增添无尽的雅趣。

刻画

127 什么是"三镶壶"

宜兴壶的制作历史上，有以锡来包壶，和以玉、锡、红木为紫砂壶装饰的所谓"三镶壶"。有些壶残了，壶主人请人以金、银等贵金属包镶盖沿、盖口，或者壶把、壶嘴等。镶包紫砂壶是否能掩盖原壶的残缺并增加美感，全看包镶师傅的审美眼光了。

紫砂壶的选购与保养

128 紫砂壶的基本构造有哪些

　　紫砂壶由壶身、流、口、盖和把组成。其中壶身是指壶的身体，包括壶肩和壶底，主要用于储水；壶流是指茶从壶身流出来的部分，俗称壶嘴；壶口是壶肩上有个开口作为置茶及冲水的地方；壶盖是盖在壶口上以密合之用；壶把是壶身的把手。

壶钮　　　壶盖

壶嘴　　　壶口

壶流　　　把柄

壶身

壶底

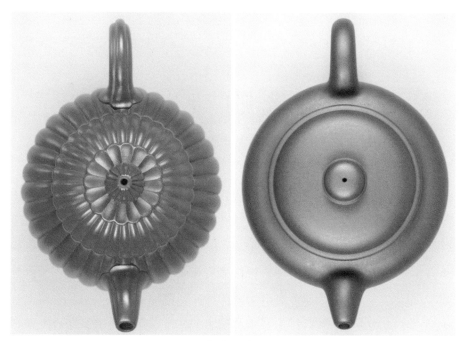

紫砂器之美

129 选购紫砂壶的目的有哪几种

选购紫砂壶首先要考虑清楚个人购壶的目的，是自己使用、把玩，还是以收藏保值为目的，或是要买把紫砂壶馈赠亲朋。

130 自用泡茶的紫砂壶应怎样挑选

如果为了沏茶自用而选择宜兴壶，应依据个人的饮茶习惯，从以下几方面加以考虑：①壶的容积（大小）适宜；②壶把执握舒适，便于端拿；③壶嘴出水流畅。④密闭性较好。

如果需要除使用外还可把玩，除以上实用性外，紫砂壶还应具有一定的美感。一把好的紫砂壶，其流、把、钮、盖、肩、腹、圈足应与壶身整体比例协调，点、线、面的过渡转折也应清晰流畅，"泥、形、款、功"四方面都应具备一定的水准。

131 收藏升值用紫砂壶应如何选购

如以收藏升值为目的，应考虑选购孤品（绝品）、珍品、妙品、佳品四大类紫砂壶。"孤品"（绝品）普通人难得一见，可遇不可求。"珍品"为各历史时代名家与非名家的优秀作品，珍品泥色独特、工艺非凡、造型奇妙者可称"妙品"。一般的名家与非名家壶，只要泥佳、形美、工良、火好的壶都可算作"佳品"。

132 赠送朋友选购紫砂茶具应注意什么

南北风俗有异，饮食习惯不同，送壶也应有所区别。如福建、广东一带的人喜欢饮乌龙茶，赠这些地区的朋友选小品壶为好，孟臣款水平壶为潮汕地区人们的最爱；江、浙地区的人喜饮绿茶，宜选容量大于250毫升、壶形较扁的壶；北方人爱喝花茶、绿茶，选择圆形、容积较大的紫泥壶为好；四川人喜欢用盖碗，宜赠送紫泥或红泥盖碗；若是送台湾亲友，建议不要送壶而是选择一些紫砂公道杯、茶玩等，因台湾经历了紫砂壶收藏热，古董壶、老壶的拥有量较大。日本人喜欢侧把壶和壶流内安置了球孔的宜兴壶；韩国人喜欢造型朴拙的壶式，如梨壶、西施壶、石瓢壶、仿古壶等。欧美国家的人则喜欢有彩绘、描金、镶嵌、雕塑等具有装饰感和中国元素的紫砂茶具。

此外，还应考虑赠送对象的性别和年龄，如是老年人，宜赠送稍大一点的壶或杯，且造型古典的为好；送师长可选择石瓢、井栏一类壶；送女性西施壶较为保险。

133 一把实用的贴心好壶应具备哪些条件

① 容量大小合适。经常高朋满座的需要一把大容量紫砂壶，常三两好友品茗聊天的，宜选容量稍小的紫砂壶。

② 壶口应方便茶叶进出。如果壶口太小或设计不实用，茶叶可能难以

清除干净，天长日久会影响泡茶的心情，且不利于健康。

③持拿要顺手，不费力。壶的重量、工艺对壶持拿的舒适感都有较大影响，尤其女性力小，壶太大、太重或重心不合理都影响使用。

④出水顺畅，断水果断。一把好的紫砂壶一定出水圆润流畅，断水时干净利落，不流口水，并且倾壶之后，壶内不留残水。

⑤泥质细腻，造型与颜色经典耐看。

134 选购紫砂壶应怎样做

选购一把紫砂壶可以从"看、摸、听、闻"等几个方面入手。

①看。买壶前先看看博物馆、壶藏家的藏品和紫砂壶传世作品图谱，对"好壶"有一定的感性认识。挑选紫砂壶时，应仔细观察紫砂壶的颜色、质地、各个部件的比例、按章角度等工艺细节，对照记忆，认真挑选。

②摸。优质的紫砂壶泥料看起来好像粗糙，可摸上去却很光润。这种光滑是泥料自然的质地，不同于抛光、打蜡造成的光滑感。如经抛光打蜡，用开水一浇壶身，水珠立马滑落。正常的泥料开水浇淋后有渗入感和湿水感。

③听。开水倒入壶中，能隐隐听到壶中有"沙沙"的吸水声，如果一点声音都没有的（尤其被称为紫泥、黄泥的茶壶），要留意壶的泥料。

④闻。用开水浇淋壶内后倒掉水，闻一闻壶内有无刺鼻的气味或者是明显的土腥味，没有为正常。

135 什么叫"流口水"

"流口水"是行家们的说法，是指倾倒茶水时把壶持平，如果壶的制作和工艺合理，水流应立即收住，壶流口（壶嘴）处不会有水顺着壶流下方滑落。如果停止倒水时壶流未马上断水，有水"顺流而下"地滑下来，则被称为"流口水"。

136 影响紫砂壶价格的因素有哪些

紫砂壶具有艺术品和工艺品的特点，具有较大的价格空间。影响紫砂壶价格的因素主要有以下几个方面：

① 泥料。泥料在紫砂壶价格中所占比例最小。泥料的种类、纯度、掺和、添加等，都会对成本产生影响。

② 工艺。工艺在紫砂壶价格中所占比例高于泥料因素，低于工艺师因素。造型体现了紫砂壶的精神内涵，工艺师需要经验积累，并在制壶时投入一定的时间来保证其品质。

③ 工艺师。紫砂壶价格越高，工艺师职称附加值因素所占比例越大。紫砂壶工艺师的职称为：中国工艺美术大师、中国陶艺艺术大师、江苏省工艺美术名人、高级工艺美术师、工艺美术师、助理工艺美术师、技师、工艺美术员、陶艺艺人等。职称可以理解为对制壶者自身无形资产价值的评价，不同级别工艺师的附加值明显不同。

④ 销售地点。壶在不同地方售卖，价格不同。同一作者制作的紫砂壶，在繁华商业地段的商城销售，与在批发市场、展会销售的价格可能相差数倍。

⑤ 购买时机等。如于促销期或展会撤展时买壶会比较便宜。

花器

137 紫砂壶新壶需要怎么清洁

紫砂壶经过千余度烧制，如果在仓储、运输过程没有被污染，经过几次沸水内外浇淋清洗就可以使用，无需所谓"开壶"程序。如担心储运过程中壶被污染，可放入冷水锅中加热煮1个小时，晾凉后就可以用了。

138 如何养壶

养壶的"养"字应理解为保养，养壶如养性，是一个漫长的过程，应在品茶的过程中养壶，把它当成人与物的交流和沟通。紫砂壶未用之前是一种色，用了之后，又呈新色。个人把玩不同，用茶有异，其色也千壶千面。一旦每天沏茶，保养得法，壶的表面会渐渐生成一种光泽，显得温润如玉。

养壶的方法很多，但原则基本相同，如：

① 用毕应用沸水将壶身内外彻底洗净。

② 切忌油污接触、异味污染。

③ 用茶汁滋润壶表。

④ 适度擦拭。

139 养壶有哪些禁忌

① 切忌心急。养护是个漫长的过程，不可能一蹴而就，坚决不能用细砂布或砂纸抛光布等擦拭紫砂壶，这样会损伤壶的表面，使壶失去自然光泽、留下划痕，从而破坏紫砂质感。

② 切忌剩茶。有些养壶的人，认为将饮剩的茶汁留在壶里有助于壶的养成，这是错误的认识。虽然用紫砂壶泡茶确实有隔夜不馊的特点，但隔夜茶会有陈汤味，对紫砂壶损害很大！而且不卫生，对身体不利。

③ 有些人喝什么茶都用一把壶，这样不妥。应做到饮什么茶用什么壶。

140 紫砂壶如何持拿

① 小壶持壶的方法：单手持壶，中指勾进壶把，与拇指捏住壶把（中指也可和拇指一起捏住壶把），用无名指顶住壶把底部，食指轻搭在壶钮上，不要按住气孔，否则水无法流出。

② 大壶持壶的方法：需要双手操作，一般右手将壶提起，左手扶壶钮，斟茶时两手协调用力。

单手持壶

双手持壶

141 紫砂壶为什么适合泡茶

宜兴壶千度成陶，紫砂比其他陶器更透气，这是宜兴壶沏茶好喝的一大原因。紫砂壶泡茶有五大特点：

①紫砂壶既不夺茶香气又无熟汤气，故用紫砂壶泡茶色香味皆蕴。

②紫砂壶能吸收茶汁，所以使用一段时间后，往空壶里注入沸水也会有茶香。

③紫砂壶便于洗涤，若日久不用，用开水烫泡两三遍，倒去水晾干再泡茶，茶味不变。

④冷热急变，紫砂器不炸不裂。

⑤紫砂壶能软化水质，用紫砂壶晾的开水口感更软。

142 为什么一把紫砂壶最好泡一种茶

紫砂壶透气性好，故容易吸味，紫砂壶在存放时需要格外注意周围气味，同样道理，不同的茶香气不同，为了防止紫砂壶泡茶时串味，通常一把紫砂壶只能沏泡同一种茶。

143 泡茶时如何根据茶类选择紫砂壶

紫砂壶大小不同，所用的泥料不同，窑火的温度不同，适宜搭配的茶叶也不同，比如，沏泡绿茶时可以选择容积略大的壶；沏泡红茶时，可以选择壶身偏高些的壶；沏泡半发酵的高香乌龙茶时，选择红泥小品壶为好；沏泡普洱茶时，选用紫泥壶较好。

现代茶具

泡茶饮茶所用器具品种越来越多，

款式、颜色、材质越来越丰富多样。

茶具按用途，

可分为主泡器、备水器和辅助用具等。

茶具的种类

144 茶具都有哪些材质

我国茶具种类繁多，质地迥异，形式复杂，花色丰富。一般分为陶土茶具、瓷器茶具、漆器茶具、玻璃茶具、金属茶具和竹木茶具等，其中陶土茶具和瓷器茶具是人们品茗时常用的茶具。

145 什么是陶茶具

陶器具是新石器时代的重要发明，最初是粗糙的土陶，然后逐步演变为坚实的硬陶，再发展为表面敷釉的釉陶，制陶技术由低级发展到高级。泥土成坯烧制成的器具，都称为陶器，人类最早使用的器皿就是陶器。中国有安徽的阜阳陶、广东的石湾陶、山东的博山陶等许许多多的地方陶种。陶茶具最负盛名的是江苏宜兴丁蜀镇的紫砂陶，它与茶性相合，色泽丰富，器物质朴典雅，是世界公认的好的茶具。宜兴紫砂陶茶具明代起大为流行。除宜兴陶外，广西坭兴陶、广东潮汕红泥茶具也非常有名，很多陶艺师创作和制作陶茶具。

陶茶具

陶茶叶罐

紫砂茶叶罐

陶茶杯

陶公道杯

陶壶与壶承

陶烧水器

146 用瓷茶具泡茶有哪些好处

我国的瓷器历史源远流长，商代出现原始青瓷，东汉时期有了真正的瓷器，唐代的形成青瓷和白瓷并立，宋元时期的黑釉瓷盛行，到明清时期景德镇瓷器的异彩纷呈，经历了历朝历代的发展与壮大，到现在，我国瓷茶器已发展到极高水平，白瓷、青瓷、黑瓷、粉彩瓷、颜色釉瓷、珐琅瓷、青花瓷等门类齐全、品类丰富、工艺精湛。瓷茶具不仅品质高，且种类异常丰富。

自古以来，瓷茶具在茶具的世界里占据着最重要的地位，瓷器茶具本身就是艺术品，一套精致的瓷茶具能使人心旷神怡，更助茶兴。瓷器材质致密，用瓷质茶具泡茶不夺茶香，无熟汤味，能较长时间保持茶的色、香、味，且只要用后洗净、不磕碰，茶具使用几十年仍历久弥新。

瓷茶具

147 玻璃茶具泡茶的优缺点是什么

玻璃，古人称为琉璃，无色透明或有色半透明。玻璃茶具色泽鲜艳，光彩照人。我国的琉璃制作起步较早，但直到唐代，随着中外文化交流的频繁，西方玻璃器具不断传入，我国才开始烧制琉璃茶具。陕西扶风法门寺地宫出土的由唐僖宗供奉的素面圈足淡黄色琉璃茶盏和茶托是当时的珍稀之物。

现代玻璃茶具质地纯净，光泽夺目，用玻璃茶具泡茶，茶汤色泽鲜艳，茶叶细嫩柔软，整个冲泡过程中茶叶上下舞动，叶片逐渐舒展，全都清晰地展现在我们眼前，特别是冲泡名优绿茶，晶莹剔透的玻璃器具中轻雾缥缈，茶水澄清碧绿，芽叶朵朵，亭亭玉立，美不胜收。玻璃茶具的缺点也很明显，就是容易破碎，传热快，易烫手。

玻璃茶具

148　如何选购玻璃茶具

玻璃茶具有很多种，如水晶玻璃、无色玻璃、玉色玻璃、金星玻璃、茶色玻璃、印花玻璃、雕花玻璃等。茶具一般用耐高温玻璃制成，选购前应问清楚。

玻璃茶具表面看起来都是通透的，实际品质还是有很大区别的。在挑选玻璃茶具时应注意玻璃薄厚是否均匀，玻璃中有无气泡、波纹、破损。还应注意玻璃器具设计是否合理，是否便于使用。

149　漆制茶具何时进入人们的视野

漆器茶具主要出产于福建福州一带。福州生产的漆器茶具多姿多彩，有"金丝玛瑙""宝砂闪光""釉变金丝""仿古瓷""雕填"等品种。

我国的漆器制造起源久远，据记载，在7000年前就有饮食具木胎漆碗，但是是作为饮食器具（包括漆茶具），一直未形成规模化的生产，直到清代，由福建福州制作的脱胎漆茶具才日益引起当时人的注意。

脱胎漆茶具一般是一把茶壶连同四只茶杯，连同一个圆形或长方形的茶盘，壶、杯、盘通常呈一色，有黑色、黄棕、棕红、深绿等色，并融书画于一体，轻巧美观，色泽光亮，明镜照人，又不怕水浸，能耐高温，耐酸碱腐蚀。脱胎漆茶具除有实用价值外，还有较高的艺术价值。

150 什么是竹木茶具

隋唐以前，我国民间也多用竹子或木质的器具饮茶。竹木茶具制作方便，物美价廉，对茶无污染，对人体又无害，因此自古至今，一直深受人们的欢迎。但是竹木茶具的缺点是不能长期使用和保存，绝大多数没有收藏价值。

到了清代，四川人发明了竹编茶具，这种竹编的茶具是由内胆和外套组成的，内胆大多是陶瓷类茶具，外面则用精选的慈竹经过多道工序加工成细如发丝的柔软竹丝，再经染色、烤色后编制成套，与里面陶瓷茶具成为一体。这种竹丝编制的茶具既是一种工艺品，又有实用性，一般多成套呈现。

竹木茶具

151 最常见的金属茶具是什么

我国历史上有用金、银、铜、锡等金属制作的茶具，金属器是我国最古老的日用器具之一。随着茶类的创新，饮茶方法的改变，以及陶瓷茶具的大发展，金属茶具逐渐减少，用锡、铁、铜等金属制作的煮水器泡饮具，很少有人使用，但金属贮茶器具，如锡瓶、锡罐等却屡见不鲜，锡器具有较好的防潮、避光性，有利于散茶的保藏。因此，用锡制作的贮茶器具，至今仍流行于世。

152 金、银茶具有什么特点

金、银茶具造价昂贵。古人喜欢使用金、银茶具是因为他们将金银类茶具视为身份和财富的象征。

现在，有人使用金、银制成壶、公道杯、滤网、品杯等，用来泡水、泡茶、品茶，他们认为金、银器对茶汤有一定影响，金、银茶具以其贵金银特有的色泽和质感丰富了茶桌，增强了茶饮的仪式感。

银壶

153 锡茶具有什么特点

在古代，一些水质不好的地方常在井底放上锡板，进行水质净化。锡是一种质地较软的金属，熔点低，可塑性强，能制成多种款式的锡器，如酒具、烛台、茶具、盛器等。

由于锡器具有的优异的保鲜性，能使茶叶持久保持鲜美，因此用锡制成茶叶罐至今都被列为最好的贮茶器，另有用锡制成的茶托、煮水壶等茶具，尤其是锡茶托，器物优美古雅，深受欢迎。

老锡茶罐 老锡茶托

154 铜茶具有什么特点

　　铜是人类最早认识和使用的金属之一。早在三、四千年前中国铜的冶炼和制作工艺已达到相当高的水平。在中国古代，铜器曾长期作为餐饮器具使用，并作为地位的象征。铜易生锈、有损茶味，故现在除茶托和建水以外很少用来制作茶具。

铜茶则

铜茶托

155 什么是石茶具

石茶具是用石头制成的茶具。石茶具一般有天然纹理，色泽美丽，有一定的艺术价值。石茶具最多见的是茶盘，有少量的壶和杯。

石茶具根据原料命名产品，如砚石茶盘、大理石茶具、磬石茶具、木鱼石茶具等。

乌金石茶盘

砚石茶盘

玉茶杯　　　　　　　　　　　　玉石茶荷

156 什么是玉石茶具

石美为玉，玉坚韧细腻，纹理、色泽美丽，如翡翠、和田玉、岫玉、玛瑙等。玉石是一种纯天然的材质，自古以来用玉石制成的茶具都是高档器皿，古时多为宫廷及贵族使用。玉石茶具经过精细雕琢，每一件都极为难得，可以见到的玉茶具如玉杯、玉碗、玉壶、玉茶荷等。

157 什么是木鱼石茶具

木鱼石是一种有美丽花纹的石头，产在山东济南，经雕琢可做成水盂、砚和茶具等器物。木鱼石茶具用整块木鱼石石块制作，品种有茶壶、茶杯、水杯、茶叶筒等。

158 木鱼石茶具有什么特殊作用

木鱼石中含有铁质及多种有益健康的微量元素，木鱼石器具可优化水质，有助于调节人体的新陈代谢，对心血管系统有保健作用。

159 如何鉴别木鱼石茶具

选购木鱼石茶具首先要找到正规厂商，应观察木鱼石茶具的颜色，好的木鱼石颜色鲜艳且干净，颜色较深，显现出明亮的紫檀色；轻轻敲打壶身，声音清脆的为好。

160 什么是搪瓷茶具

在金属杯上涂无机玻璃瓷釉，烧制后即成搪瓷制品。搪瓷茶具多为大茶杯，外表细腻而有光泽，可以和瓷器媲美，且重量较轻价格较便宜。搪瓷茶具传热迅速，容易烫手，如磕碰露胎易锈蚀，使用的时候有一定的局限性。

161 什么是活瓷茶具

活瓷茶具是陶瓷茶具中的新品种。活瓷茶具材料为二十多种矿物质和陶瓷原料经过1300℃高温烧制而成，活瓷茶具能改变水分子结构，是一种有一定保健作用的茶具。

162 活瓷茶具有哪些特殊功效

活瓷茶具釉面比较特殊，能改变水分子结构，水的口感会更软滑，绵顺。使用活瓷茶具可以提高人体对水的吸收能力，增强人体的免疫力，改善人体的亚健康状态，消除酸痛疲劳等，并促进人体内的毒素和重金属的排出，促进人体新陈代谢。

163 活瓷茶具保养有哪些注意事项

由于活瓷茶具的釉面具有自然释放的功能，同时也具有吸附特性，因此每次用完后必须将水垢、茶垢清洗干净，以免影响功能。应选用柔软的棉布擦洗，或用牙刷等非金属刷刷洗，以保持釉面洁净。

主泡器具

泡茶、饮茶的器具为主泡器。主泡器具包括茶壶、盖碗、茶盘、品茗杯、公道杯、滤网等。

164 怎样根据茶叶选择茶壶

在所有的泡茶器具中，茶壶应算是最为重要的器具。茶壶的种类主要有紫砂壶、瓷壶、玻璃壶等，还有少量的金、银茶壶。通常紫砂壶比较适合沏泡乌龙茶或普洱茶；瓷壶比较适合沏泡红茶、中档绿茶或花茶；玻璃壶是透明的，非常适合欣赏茶汤颜色和茶叶泡开时上下飞舞时的景象，比较适合沏泡花草茶、红茶或是中档绿茶，还可用来煮茶。

165 茶盘都有什么样式的

茶盘又叫茶船，是盛放茶壶、茶杯、茶道组、茶宠乃至茶食的浅底器皿。茶盘有如下样式：

①形状为方形、圆形、扇形或不规则形状。

②盛水方式，或以一根塑料管连接，排出盘面废水，茶桌下需要与一贮水桶相连，比较适合多人喝茶使用；或下设一接水盘暂时存放废水，茶盘里的水满了直接倒掉，适合较少人喝茶时使用；或盘面做成沟回形式，可承接少量废水并随时倒掉，适用于干泡。

③材质上，茶盘的选材广泛，金属、竹木、陶瓷、石都有，金属茶盘最为简便耐用，竹制茶盘最为清简。

可排水茶盘

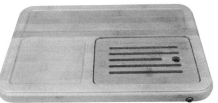

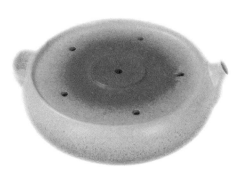

各种茶盘

166 如何选择和使用茶盘

茶盘无论样式或大小，购买时首先要考虑自己的需要。茶盘有2～4人用的小茶盘，也有4～6人或8人以上使用的大茶盘，可根据家里茶室的大小、人数的多寡以及茶具的多少和种类进行选择和购买。其次要选择质量好，不容易开裂、变形的茶盘。注意，摆放茶具的地方一定要平，茶具才稳。漏水的孔要适当，以便废水及时流到下面的茶盘里。

无论何种材质和式样，挑选茶盘时，要注意这四个字：宽、平、浅、白。就是盘面要宽，无论客人人数多寡，都可以多放几个杯子；盘底要平，这样放置茶杯才平稳；盘边要浅，颜色要白，这样的茶盘才可以更好地衬托茶杯、茶壶的美观典雅。

使用茶盘需要注意，泡茶最忌不洁，每次使用完毕，除了要清洗茶具，还要清洗茶盘，如长时间不清洗，会有发霉或产生污垢。

167 砚石茶盘有哪些种类

砚石茶盘用石主要有紫袍玉带石、易水砚石、歙砚石、端砚石等。

①紫袍玉带石产于贵州省江口县及印江县一带的梵净山区，以稳沉的紫色为主体，绿条相间，同时伴有橘红、乳白、黄、褐等色，紫色和多条玉带层次分明，色彩奇特，紫袍玉带石质地致密细腻，温润如玉，色彩鲜艳，具有较高的观赏价值。

②易水砚茶盘是取自河北易水河畔的一种色彩柔和的紫灰色水成岩。夹杂天然碧色、黄色，石质细腻，柔坚适中。

③歙砚因产于安徽歙县而得名。歙砚石纹理清晰、多样，鱼子、眉纹、金星等水星后灵动隐逸，扣之有玉德金声，铿锵玲珑。歙砚为我国四大名砚之一。

④端砚石产自端州（唐代地名，今广东肇庆市），以老坑、麻子坑、坑仔岩三地出产者为最佳。端砚为中国四大名砚之首。由于端砚石质与水相亲，湿水后尤为晶莹、温润、细腻而柔滑，制作茶盘非常合适。

品茗杯

168 如何根据不同的茶类选择品茗杯

喝不同的茶可以选择不同的杯，如果为了观赏茶汤，喝颜色鲜艳的红茶可选择白瓷杯或透明的玻璃杯；喝清淡的绿茶时可选择淡雅的白瓷杯或青瓷杯。如果细品滋味，喝浓醇的普洱茶、醇厚回甘的乌龙茶时可选择紫砂或陶制的杯子。喝乌龙茶杯宜小，喝普洱茶杯宜大。

169 什么是闻香杯、品茗杯

闻香杯是用来嗅闻茶香的，形状细细高高，细高小杯可聚拢茶香。品茗杯是用来品尝茶汤的，比闻香杯身矮口阔，方便品饮。闻香杯和品茗杯再加上茶托为一套，质地多样，常见有瓷的、陶的、紫砂的、玻璃的。

170 如何使用闻香杯、品茗杯

闻香杯用来闻茶汤香气，茶泡好后先将茶汤倒入闻香杯里，马上闻香。之后将茶汤倒入品茗杯。

品茗时右手持杯，食指和拇指握住杯沿，其他三个手指托住杯底，细品香茗。一般台湾乌龙茶品常使用闻香杯和品茗杯，一般闻、品杯两种器皿相同花色成套使用。

闻香杯和品茗杯

171 什么是茶托

　　杯托（茶垫）放置于品杯下，有杯就一定要有杯托，两者缺一不可。杯托的用途主要是用于垫杯子，使杯子不直接接触桌面，以免烫到手。杯托的种类有木质的，如花梨木、鸡翅木、竹木；还有瓷的、陶的、紫砂、金属的。形状有方形、圆形、椭圆形或花形等。

茶托

锡茶托

172 如何选择及使用茶托

选择杯托，首先要看各人的喜好，其次要注意与其他茶具的搭配。紫砂的托最好配紫砂的杯子，瓷的杯托尽量配瓷的杯子，木质、金属杯托比较没有局限性，可以配任何质地的杯子。另外形状是和杯相配的，比如有闻香杯和品茗杯则要选择长方形的；如果只有一个品茗杯，那就选择单杯圆形或方形的。

如果是瓷的或紫砂的茶托，尽量轻拿轻放，避免碰碎；木质的就比较安全。使用时同其他茶具一样要及时清洗，保持干净整洁。

173 什么是公道杯

公道杯，又名公杯、匀杯、茶海、茶盅，无论沏泡什么茶，公道杯都是必不可少的茶具之一。公道杯主要是盛放泡好的茶汤，起到中和、均匀茶汤的作用。公道杯的质地有紫砂、陶瓷、玻璃等，有的公道杯带有手柄，有的不带手柄。少数公道杯自带过滤网。

带滤网公道杯

公道杯

174 如何选择及使用公道杯

挑选公道杯时主要看它的断水功能，断水时不要拖泥带水，要随停随断。如果选择紫砂质地公道杯，尽量选择里面上白色釉的，这样可以更清晰地欣赏茶汤的颜色；瓷的公道杯样式多，选择的余地较大；现在越来越多的人喜欢使用玻璃的公道杯，因为它能够清楚、准确地呈现茶汤的颜色。公道杯应尽量选择和茶壶或杯子形状、材质、颜色相搭配的。公道杯的使用很简单，手持舒适，方便斟倒就可以了。

175 什么是滤网

滤网放在公道杯上与公道杯配套使用，主要的用途是过滤茶渣。滤网的漏斗部分有瓷的、不锈钢的、玻璃的和陶的，还有竹、葫芦制成的，过滤网有金属、棉麻或纤维制成。还有少量滤网用金、银制成。

滤网

过滤网

176 如何挑选及使用滤网

　　滤网的外观、式样根据个人喜好，并与公道杯相配就可以。使用时和其他茶具一样要及时清理，用小毛刷将网上的茶垢清理干净并晾干，这样可保证茶汤过滤更顺畅。

177 什么是盖碗

盖碗，又称盖杯，或"三才碗"、"三才杯"，盖为天、托为地、碗为人，暗含天地人和之意。盖碗以江西景德镇出产最为著名。盖碗样式很多，质地以瓷质为主，也有紫砂和玻璃质地的，有大、中、小之分。盖碗从清朝雍正年间开始盛行，察色、嗅香、品味、观形俱佳，可泡茶可品茶，堪称泡饮利器。鲁迅先生在《喝茶》中曾写道："喝好茶，是要用盖碗的。于是用盖碗。果然，泡了之后，色清而味甘，微香而小苦，确是好茶叶。"可见爱茶者对盖碗的喜爱。

盖碗

盖碗

178 如何选择及使用盖碗

选择盖碗，除考虑个人喜好外，男士一般选择大一点的，手握起来比较舒服；女士则应选择中、小型的，拿起来比较顺手。如果用它做泡茶器皿，最好选用稍大的。另外，还有要看盖碗碗口的外翻程度，越大越不容易烫手，越容易拿取。

使用盖碗时要注意持拿方法，稍有大意就容易烫手。斟倒茶汤时食指扶在盖钮上，拇指和中指紧扣在碗的边缘，盖斜放，和杯身之间留有缝隙，然后进行倾斜斟倒。要注意注水时不宜过满，七成为宜，过满很容易烫手。用盖碗品茶时，男女动作不同，女士饮茶讲究轻柔静美，左手端杯托端起盖碗于胸前，右手缓缓揭盖闻香，随后观赏汤色，右手用盖轻轻拨去水面上的茶末细品香茗；男士饮茶讲究气度豪放，潇洒自如，左手持盖碗，右手揭盖闻香，观赏汤色，用盖拨去茶末品茶。

179 如何选择及使用水盂

　　水盂用来盛放废水及茶渣，多与壶承搭配使用。水方的材质有紫砂、陶瓷等，建水与水盂作用相仿。在选择水盂时要注意其质地、样式应与其他茶具相搭配，饮茶人数少时使用水盂比较方便，体积小又比较轻便。要记住及时清理。

水盂

180 如何选择及使用壶承

　　壶承是泡茶时用来承放茶壶的器具，可用来承接温壶、泡茶时的废水，避免水湿桌面，一般与水盂搭配使用。壶承的材质陶、瓷、竹、木、金属均有。选购时挑选与茶壶相配套的造型、材质即可。壶承的形状一般为圆形，有单层和双层的。无论哪种材质的壶承，泡茶时最好在壶底垫一个壶垫，避免茶壶和壶承之间相互磨损。

锡壶承

木壶承

瓷壶承

辅助用具

181 茶道六用包括哪些

茶道六用一般为木质的，有檀木、花梨木、鸡翅木和竹木等，包括茶则、茶匙、茶夹、茶漏、茶针、茶筒。

① 茶则，用来量取茶叶。

② 茶匙，协助茶则将茶叶拨至泡茶器中。

③ 茶夹，代替手拿取茶杯，或将茶渣从泡茶器皿中取出。

④ 茶漏，扩大壶口的面积，放入茶叶时防止茶叶外溢。

⑤ 茶针，是当壶嘴被茶叶堵住时用来疏通。

⑥ 茶筒，是用来收纳茶则、茶匙、茶夹、茶漏和茶针的容器。

现在茶道具平时最常用到的仅为茶则、茶匙，这两者也是花式最多的茶道具。

茶道六用

182 使用茶道具应注意什么

选购时根据个人爱好进行选择，需考虑茶具的颜色与茶席的色彩，力求雅致、大方。使用时要注意保持用具的干爽、整洁，手拿用具时不要碰到接触茶叶的部位，摆放要整齐，不用时放入茶筒。

183 如何选择和使用茶荷

茶荷是用来盛放干茶、欣赏干茶的用具，有时会以较大的茶则代替茶荷。茶荷的材质有陶瓷、紫砂、玉石、竹木、金属等。选择茶荷时除了注意外观以外，还要注意，无论哪种质地茶荷，最好能方便观赏干茶的颜色和形状。

184 如何选择和使用茶巾

茶巾在泡茶时用来擦拭茶具上的水渍、茶渍，质地一般为棉、麻。要选择吸水性好、颜色雅致、与茶具相配搭的茶巾。使用时要注意三点：一，茶巾应折叠后使用，折成长方形8层，或正方形9层；二，茶巾必须经常清洗，晾干后使用；三，茶巾不是桌布，须与擦布分开使用。

茶荷

茶巾

185 什么是茶仓

　　茶仓就是茶叶罐，用来盛装、储存茶叶，常见的有瓷、紫砂、陶、铁、锡、纸、琉璃、漆等材质。选择茶仓时首先要注意它的密封性，其次需防潮、无异味、不透光，因为茶有容易吸味、怕潮、怕光和吸味的特点。锡罐密封、防潮、防氧化、防异味的效果最好，铁罐密封不错但隔热效果较差，陶罐透气性好，瓷罐密封性稍差但外观美，琉璃茶仓装饰性较强，纸盒只适合短期存放茶叶。

茶仓（茶叶罐）

茶仓

186 选择和使用茶仓时应注意什么

最好根据不同的茶叶选择不同的茶叶罐，例如普洱茶、岩茶适合用陶罐；铁观音适合封闭好的瓷罐或锡罐；红茶适合紫砂或瓷罐；绿茶无论放在哪种罐子里最好放入冰箱里保存。另外，茶叶罐不要放在卧室、厨房、卫生间，以免吸收异味，尽量做到防潮、防氧化，避免阳光直射。如有条件，绿茶、发酵程度较轻的乌龙茶、白茶、黄茶尽量放在冰箱保存。购买几种茶叶时最好用不同的茶叶罐承装后贴好标签，注明茶叶的名称及购买日期，方便日后查找。

187 如何选择和使用茶刀

茶刀又叫普洱刀，用来撬取紧压茶，解散茶叶，有牛角、不锈钢、骨质等材质，形状有刀或针状的，针状的适用于压得较紧的茶叶，刀形的适合普通的紧压茶。使用时需要注意两点：一是用普洱刀撬茶饼时，刀要从茶饼或茶砖侧面插入，再慢慢向上撬起，用手按住茶叶轻轻取下，放在茶荷里；二是针状的普洱刀比较锋利，撬取茶时要小心，别弄伤手。

茶刀

188 如何用茶趣为泡茶添趣

茶趣是用来装饰、美化茶桌的，可在泡茶过程中增加情趣，一般为紫砂质地，造型各异，有瓜果梨桃、有各种小动物和各种人物造型，生动可爱，给泡茶、品茶带来无限乐趣。紫砂质地的茶趣，平时要像保养紫砂壶一样保养它，要经常用茶汁浇淋表面，用养壶巾、养壶刷进行保养，慢慢地茶趣也会养出光润、养出灵气来。

189 如何使用茶秤

茶秤一般体积较小，称量精度较高，是初练习泡茶者经常用到的工具。学习泡茶时，我们对壶的容积、茶叶的用量都不太有把握，使用茶秤可以准确得知茶壶的容积，量取需要量的茶叶。

茶秤开机后，将茶壶放在茶秤上，按置零按键，之后倒入水，满壶停止，从克重可知水的容积（水的比重为1，1克水容积为1毫升）。量取茶叶也同样，按照壶的容积和投茶比计算出茶叶用量后量取茶叶，茶秤上放好取茶工具，置零，然后放茶叶到需要的克数即可。

茶秤

备 水 器

190 如何选择和使用煮水器具

随手泡为煮水用具，用来烧开水，有不锈钢、铁、陶和耐高温玻璃等材质，烧水的热源有酒精、电热和电磁炉。电热的炉和壶使用比较普遍，方便快捷。电热随手泡有三个档，自动、手动和关,不用时放在关的挡上；平时使用时最好放在自动档上，热水达到沸点时会自动断电，水温不够时又会自动加热。酒精炉、炭炉在没有电源的情况下使用，使用明火要注意安全。

191 如何选择和使用贮水器

如用自来水泡茶，应考虑备一贮水器，接水后贮水一天，让氯气挥发，令水质软化。贮水器以紫砂罐、陶罐、银瓶为好，可尝试使用几种陶瓷器皿贮水后泡茶，以选定贮水器的材质。

煮水壶

192 使用日本铁壶应注意什么

铁壶长时间使用后愈加黑亮，且容易清洗。使用中可经常用布擦拭外表，让铁质的光泽渐渐显现。铁壶使用后必须保持干燥，应避免冷水冲入热壶，注意壶内没有装水的情况下不可干烧。日本铁壶为铸铁壶，若从高处落下会破裂，务必小心。

193 用银壶煮水有什么好处

银壶煮水，壶中会不断的释放银离子，这种离子可以灭菌、净化水质，因而古人用银壶藏水。

有人认为，银壶煮茶使水质细腻如丝，柔软、甘甜、滑顺、圆润、饱满。

使用银壶可以用明火，也可配电热热源。如用银壶煮水，特别注意所选电加热炉具是否适用于银壶（普通的电磁炉不能为银壶加热）。

铁壶

经典茶具 210 问

工夫茶茶具

广东潮汕和福建漳州、泉州等地盛行工夫茶，工夫茶对茶具、茶叶、水质、沏茶、斟茶、品茶、礼仪无一不讲究精心，泡饮工夫茶需要下足功夫。

194 工夫茶茶具一套多少件

工夫茶最讲究茶具，一套茶具有茶壶、茶盘、茶杯、茶垫、茶罐、水瓶、龙缸、水钵、红泥火炉、砂姚、茶担、羽扇等，一般以12件为常见，如12件皆为精品，则称"十二宝"，如其中有8件为精品，或4件为精品，则称"八宝"或"四宝"。

工夫茶茶具

195 什么是"茶室四宝"

茶室四宝指的是工夫茶具中的四种：玉书煨、潮汕炉、孟臣罐、若琛瓯。玉书煨即是煮水壶，玉书煨为白泥或红泥薄胎扁形陶壶，容水量约250毫升，水沸时，呼呼有声，如唤人泡茶；潮汕炉指的是烧水的炭炉；孟臣罐乃是泡茶用的小紫砂壶；若琛瓯则是饮茶用的小茶杯。茶室四宝衍生出了现代日常茶具的主体品种。

196 如何选择工夫茶茶壶

工夫茶茶具讲究名产地、名工艺师出品，精致、小巧，俨然一套工艺品，体现了工夫茶文化的高品位。工夫茶的茶壶选用江苏宜兴所产的红泥壶或潮汕地区产红泥小壶，要求"小、浅、齐、老"，茶壶宜小、宜浅，"小则香气氤氲""独自斟酌，愈小愈佳"，还讲究"三山齐"，即壶流口、壶口和壶把上端都平齐，检验办法是茶壶去盖后倒扣在桌子上，壶流口、壶口、壶提上端应在一条直线上且平。新茶壶需先用茶水养护一段时间再泡茶用。

功夫茶茶壶

197 如何选择工夫茶茶杯

工夫茶，特色之一是茶杯精小，三口必喝完。茶杯宜小宜浅，讲究"小、浅、薄、白"，杯小则一啜而尽，浅则水不留底，色白如玉以衬托茶的颜色，质薄如纸以能起香。一般有三个品杯。潮汕茶客喜以白地蓝花、底平口阔、杯底有"若琛珍藏"的品杯饮茶。江西景德镇和潮州枫溪出品的白瓷小杯为杯中佳品。

198 什么是茶洗

茶洗形状如碗，传统工夫茶冲泡必备三个茶洗，一正二副：正洗用以洗浸茶杯，副洗一个承放茶壶，承接冲淋之水，另一个盛放洗杯的水和茶渣。现在多使用一双层茶盘，上层荚面放杯与壶，下层存放废水。

茶洗

199 工夫茶茶盘有什么特点

用来盛放茶杯，等待巡、点分茶。茶盘有各种款式，圆形、海棠花形等。茶盘盘面应宽、平、浅、白。盘面宽，以便客人多时可以多放几个茶杯；盘底平，茶杯稳定；边浅、色白，可衬托茶杯与茶汤之美。

200 工夫茶茶垫有什么特点

茶垫比茶盘小，盘状，是用来放置冲罐的，特点为"夏浅冬深"，冬深能多装些沸水，利于茶保温。茶垫里面还要垫上一层垫毡。作用是保护茶壶，多用丝瓜络制成。

201 工夫茶茶炉有什么特点

潮汕工夫茶茶炉式样十分好看，炉身有高有矮，置炭的炉心深而小，这样使火势均匀，省炭。炉有盖和门，有的还刻有字、画，古拙可爱。

202 工夫茶茶具在冲泡中如何使用

工夫茶之冲泡过程为治器、纳茶、候汤、冲茶、刮沫、淋罐、烫杯、洒茶等，整个过程中，功夫茶茶具均与工夫红茶冲泡过程结合紧密。

第一：治器。治器是泡茶前的准备，包括生火、掏火、煽炉、洁器、候水、淋杯动作。

第二：纳茶。把茶叶倒在一张洁白的纸上，分别粗细，把条索粗大的放在罐底和壶流处，细碎的放在中层，又再将条索粗大的放在上面，纳茶的功夫就完成了。放入茶壶七分满的茶叶即好。

第三：候汤。等待煮沸泡茶的水。

第四：冲茶。揭开茶壶盖，将滚水沿壶口壶边冲入。切忌直冲壶心，否则谓之冲破"茶胆"，使茶味苦涩。冲时提壶要高。所谓"高冲低洒"。

第五：刮沫。冲水一定要满，使茶叶浮起，然后提壶盖，在壶口水平移动，轻轻刮去茶沫，然后盖定壶盖。

第六：淋罐。以开水淋于壶上，谓之"淋罐"。淋罐有三个作用：一是使热气内外夹攻，迫使茶香迅速挥发；二是小停片刻，待茶壶身水分全干；三是冲去壶外茶沫。

第七：烫杯。淋罐之后，用开水淋杯，使杯子也热起来，不让滚热的茶水冲在冰冷的杯子上，影响香味。淋杯时要注意，开水要直冲杯心。冲水完，添冷水于砂铫中，再置炉上烧水，同时"洗杯"。熟练者可同时两手洗杯，动作迅速，声调铿锵，姿态美妙。杯洗完，把洗杯水倾倒到茶洗里去，这时，茶壶的外面的水也刚好被蒸发至干，正是茶熟之时。

第八：洒茶。洒茶即将茶分入品杯。洒茶有四字诀：低、快、匀、尽。洒茶如高慢，香味散失，泡沫四起，对客人也不尊敬；"匀"是为保持每个品杯均匀承茶，"关公巡城，韩信点兵"，保证几杯茶色均匀，以示对座中客人一样尊重；"尽"就是不要让余水留在壶中。

茶冲出来后，一般是冲茶者自己不先喝，请客人或在座的其他人喝。如果盘中有三个杯。一般是顺手势先拿旁边一杯，第三个人拿中间一杯，一般要让在座的人每人喝过一杯，才喝第二轮。如果喝茶的过程中来了尊贵的客人，需换茶叶重新冲茶。

刮沫

其他用具

203 如何挑选茶桌

茶桌是泡茶、喝茶时使用的桌子。现代茶桌是集泡茶、消毒、抽水、品饮一体化的茶台，有实用性、艺术性，有的具有欣赏、收藏价值。茶桌形状大致有方形、长方形、椭圆形等，多用木头或树根制成，木材选用有一定的韧性和硬度，木纹美观的木材，如紫檀木、红木、黄花梨、鸡翅木、榆木等。根雕茶桌一般搭配根雕茶凳。选择茶桌需要注意一些细节。

① 首先是安全，茶桌摆放的位置如果是经常走动的通道，应该选择比较圆润的款式。

② 其次考虑色泽，茶桌的款式和色泽应与大环境色调相和谐。

③ 要根据茶室空间的大小来考虑选择茶桌尺寸和形状，如空间不大，应以椭圆形小茶桌为佳，让空间显得轻松且不局促。

204 茶椅有什么讲究

茶椅是一般茶桌配套，带靠背或不带靠背，一般一张茶桌配4~6把茶椅。茶艺师泡茶的坐椅高低需要与相应的桌台相配，过高或过低都不方便泡茶时的操作。

茶桌

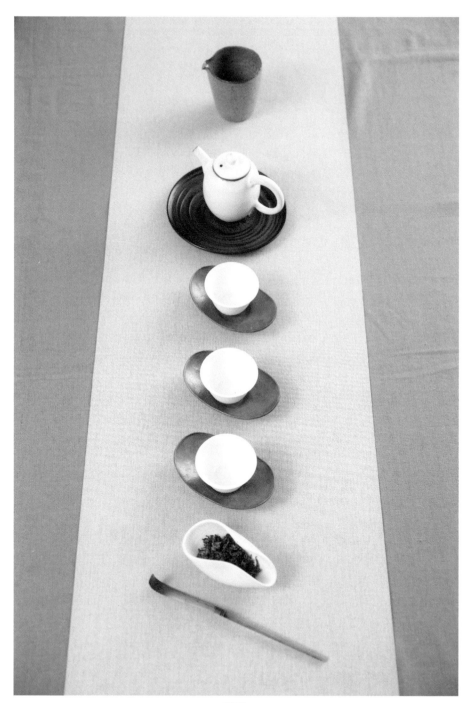

茶席

205 什么是茶车

茶车，就是可以移动的泡茶的桌子。茶车体积不大，但结构巧妙，两侧将搁架支起以可伸展出侧台面，不泡茶的时候，可以将两侧的伸展台面收起，整个茶车便成为一个茶柜，柜内分层，可以放置泡茶时的必备用具。茶车的特点是占地小且移动方便，并便于收纳茶具。

206 什么是茶席

茶席简单地可理解为泡茶、饮茶的席面，有一定的规划性、严肃性，布置茶席是为了表现茶道之美或体现茶道精神。可以说，茶席是泡茶人布置的道场，也是爱茶人对茶道之美的一种表现方式。

207 布置茶席需要注意哪些方面

茶席布置，小可仅指茶桌台面的布置，大可延展到茶室内甚至门外庭院的安排。

茶席的布置首先要考虑茶具及准备泡的茶类的和谐，铺垫、摆放茶具、插花、焚香和挂画都是茶席布置中重要的组成部分。

布置茶席是泡茶、奉茶、品茶的空间，这个空间应空气需清新无杂味、光线柔和安宁、温度舒适宜人、安静闲适。

古人将品茶与插花、焚香与挂画合称为"四艺"，可见四者的密切关系。茶室中应以字画、插花装点，色调、摆放均要与茶品、茶具相呼应，还应燃香，使茶室文雅、舒适。

茶与茶具是茶席的灵魂，布置应以"茶为君，器为臣，火为帅"，铺垫、器物等一切的组合都是为茶服务的。不同的茶类均有能发挥其突出特色的茶具，如乌龙茶搭配紫砂茶具，绿茶搭配玻璃茶具，红茶搭配瓷质茶具，茶席铺垫、摆放应在功能性的基础上尽可能地兼顾艺术性。

208 茶席插花有什么讲究

插花原本是一门独立的艺术，但是在茶席上，插花只是配角，起到对茶的衬托作用。插花所使用的不仅仅是花，也包括叶子、树枝或果实等，花器可用瓶、盆、篓、篮等。鲜花可以使整个茶室、茶席生动起来，只要有花，整个茶道空间便顿时生机盎然起来。

茶席插花受空间和主题的限制，必须以茶为主，插花为辅，因此造就了茶席之花的特殊性，尤其需要注意的是，插花所用的花材不能香气过浓，否则会干扰到茶的香味；花朵、枝叶不可太大，花叶的大小、颜色也要和整个茶席的气氛和主题相吻合。

茶席花器

茶具架

209 茶席用香有什么讲究

在茶室焚香可以让茶与香相得益彰，使人更立体地感受品茗的全部美感。沉香作为四大主香之首，是目前最常用的香品。茶室的香气不能过强，否则会干扰到对茶香茶味的欣赏。焚香的用具可以是香炉或香插，香的用量要适量，这样才可以不干扰茶室的主题——品茶。

210 茶席子上的插花、用香应注意什么

茶席上的花、花器和香、香具都能为品茶营造安静、闲雅的气氛，是茶席的重要组成部分，但使用时应注意，所使用的花器和香炉以（或香插）典雅、沉稳最佳，器物切忌过大；所选鲜花与香品切忌过香；两者的摆放位置不应妨碍泡茶和品茶。否则可能导致其在茶席上喧宾夺主。